Danjuma Lawal

Uma visão geral do VIH/SIDA

Danjuma Lawal

Uma visão geral do VIH/SIDA

ScienciaScripts

Imprint
Any brand names and product names mentioned in this book are subject to trademark, brand or patent protection and are trademarks or registered trademarks of their respective holders. The use of brand names, product names, common names, trade names, product descriptions etc. even without a particular marking in this work is in no way to be construed to mean that such names may be regarded as unrestricted in respect of trademark and brand protection legislation and could thus be used by anyone.

Cover image: www.ingimage.com

This book is a translation from the original published under ISBN 978-3-659-54046-2.

Publisher:
Sciencia Scripts
is a trademark of
Dodo Books Indian Ocean Ltd. and OmniScriptum S.R.L publishing group

120 High Road, East Finchley, London, N2 9ED, United Kingdom
Str. Armeneasca 28/1, office 1, Chisinau MD-2012, Republic of Moldova, Europe
Printed at: see last page
ISBN: 978-620-8-04535-7

Índice:

AVANÇAR

A SIDA (Síndrome da Imunodeficiência Adquirida) foi notificada pela primeira vez nos Estados Unidos em 1981. Não demorou muito até que o agente infecioso, um retrovírus denominado vírus da imunodeficiência humana (VIH), fosse identificado por laboratórios em França e nos Estados Unidos. O estudo do VIH revelou que está estreitamente relacionado com um vírus do chimpanzé, o que sugere uma expansão recente do hospedeiro para os seres humanos na África Central a partir dos chimpanzés. Os seres humanos infectados têm pouca resistência à infeção e quase todos eles acabam por morrer de doenças que os indivíduos não infectados conseguem evitar facilmente. Poucos dos que contraíram SIDA sobrevivem mais do que alguns anos sem tratamento. O risco de transmissão do VIH de um indivíduo infetado para um saudável no decurso do contacto diário é essencialmente inexistente. No entanto, a transferência de fluidos corporais, como sangue, sémen ou fluido vaginal, ou a utilização de agulhas não esterilizadas, entre indivíduos infectados e saudáveis representa um risco grave. Além disso, as mães infectadas pelo VIH podem transmitir o vírus aos seus filhos ainda não nascidos durante o desenvolvimento fetal. O autor espera fornecer informações gerais e investigações actuais sobre o VIH/SIDA.

Isa Yunusa B.Sc, M.Sc Bioquímica.
Departamento de Bioquímica,
Universidade de Ciência e Tecnologia de Kano, Wudil
P.M.B. 3244, Kano, Nigéria.
março de 2014.

PREFÁCIO

Pensa-se que a SIDA teve origem na África Central. O vírus que a provoca parece ter migrado através do Haiti para os EUA, tendo sido posteriormente identificado em 71 outros países do mundo. No final de 1993, o vírus tinha infetado cerca de 14 milhões de pessoas, com mais de 3 milhões de casos estimados de SIDA. No final de 1995, estimava-se em 23 milhões o número de pessoas infectadas, 3,1 milhões de novas infecções e 1,5 milhões de mortes. Metade das novas infecções eram de mulheres e a maioria tinha menos de 25 anos. Até ao ano 2000, cerca de 40 milhões de pessoas poderão estar infectadas pelo VIH, sendo o maior problema na África subsariana, onde se observam os maiores aumentos. A doença está também a propagar-se rapidamente na Ásia (nomeadamente na Índia, na China, no Vietname e no Camboja), na Europa Central e Oriental e na antiga União Soviética. Espera-se que este livro sirva de referência para funcionários e estudantes de ciências biológicas e suas sub-disciplinas.

Lawal Danjuma Licenciatura em Biologia Aplicada, Mestrado em Microbiologia [Médica/Farmacêutica]

Departamento de Ciências Biológicas, Universidade Federal, Duste, P.M.B 7156, Duste, Estado de Jigawa, Nigéria.

março de 2014.

DEDICAÇÃO

À memória do meu querido pai, que a sua alma descanse em paz, e da minha querida mãe, ambos foram tudo para mim.

AGRADECIMENTOS

Todos os louvores são para o Todo-Poderoso Alá, o mais benéfico, sempre misericordioso, inúmeros agradecimentos a ele, Senhor dos senhores que nos guia na escuridão e ajuda nas dificuldades. E todos os respeitos e cumprimentos ao Santo Profeta (que a paz esteja com ele) por iluminar a nossa consciência com a essência da fé em Alá, fazendo convergir toda a sua bondade e misericórdia sobre nós.

É para mim um grande prazer e uma honra expressar a minha profunda e cordial gratidão a todas as pessoas que, de uma forma ou de outra, contribuíram para tornar esta obra uma realidade.

CAPÍTULO 1
INTRODUÇÃO

1.1 Antecedentes

A Síndrome da Imunodeficiência Adquirida (SIDA) é um problema de saúde grave em todo o mundo e, em particular, nos países em desenvolvimento (Chatterjee *et al.*, 2001). O Vírus da Imunodeficiência Humana (VIH/SIDA) causa devastação, destrói comunidades e tira a esperança no futuro (MOE, 2003). Apesar dos vários métodos e tentativas de luta contra a doença, esta continua a propagar-se rapidamente.

O principal objetivo é criar uma geração livre de VIH/SIDA. De acordo com Peltzer (2003), os jovens devem ser informados sobre esta doença mortal o mais cedo possível. Por isso, os jovens têm um papel fundamental na disseminação da informação sobre o VIH/SIDA. Se os jovens têm um papel importante, então é essencial que tenham conhecimentos adequados sobre o VIH/SIDA.

No final de 2005, 38,6 milhões de adultos e crianças viviam com o VIH; foram diagnosticados 4,1 milhões de novos casos e 2,8 milhões de pessoas morreram de SIDA (UNAIDS, 2006). A propagação do VIH/SIDA está centrada nos países africanos, sobretudo na África subsariana (Willis, 2002). Dos 4,8 milhões de novas infecções em todo o mundo em 2003, mais de 95% ocorreram em países em desenvolvimento. Aproximadamente 1.700 crianças com menos de 15 anos e 600 jovens dos 15 aos 24 anos são infectados pelo VIH todos os dias (UNAIDS, 2006).

Desde o início da pandemia, mais de 60 milhões de pessoas foram infectadas com o VIH e mais de 20 milhões morreram. A taxa de mortalidade mais elevada verifica-se entre os africanos com VIH/SIDA (Willis, 2002). Willis acrescenta que a propagação do VIH/SIDA pode ser insidiosa ou como um incêndio, com a maioria das pessoas a não saber como ou quando apanharam o vírus; muitas nunca sabem que o têm, e muitas que sabem, não dizem a ninguém. Adler (2001) sublinha que a prevenção de novas infecções continua a ser o melhor método de luta contra o VIH/SIDA.

Willis (2001) defende que esta prevenção deve centrar-se na educação dos jovens sobre sexo e sexualidade, uma vez que é sabido que o sexo é responsável por mais de 85% da transmissão do VIH. De acordo com um inquérito sobre o comportamento sexual, alguns adolescentes tiveram relações sexuais aos 14 anos, pelo que é aconselhável que a educação sexual seja iniciada na puberdade, entre os 10 e os 14 anos de idade, quando os jovens ainda não adoptaram hábitos sexuais. Assim, os adolescentes têm um papel fundamental na prevenção do VIH/SIDA, uma vez que interagem diariamente entre si e com os jovens. No entanto, os adolescentes são considerados um grupo de alto risco no que diz respeito ao VIH/SIDA, em especial nos países com elevada prevalência, onde a epidemia teve um impacto devastador. A epidemia compromete também gravemente a qualidade do ensino e provoca o absentismo.

1.2 História do VIH/SIDA

1.2.1 Descoberta

A SIDA foi observada clinicamente pela primeira vez em 1981 nos Estados Unidos (Mandell *et al.,* 2010). Os casos iniciais correspondiam a um grupo de consumidores de drogas injectáveis e homens homossexuais sem causa conhecida de diminuição da imunidade que apresentavam sintomas de pneumonia por *Pneumocystis carinii* (PCP), uma infeção oportunista rara que se sabia ocorrer em pessoas com sistemas imunitários muito comprometidos (Gottieb, 2006). Pouco tempo depois, um número inesperado de homens homossexuais desenvolveu um cancro da pele, anteriormente raro, chamado sarcoma de Kaposi (KS) (Friedman - Kien, 1981; Hymes *et al.,* 1981). Surgiram muitos mais casos de PCP e KS, o que alertou e levou à criação de um grupo de trabalho do CDC para monitorizar o surto (Basavapathruni e Anderson, 2007).

Nos primeiros tempos, o CDC não tinha um nome oficial para a doença, referindo-se frequentemente a ela através das doenças que lhe estavam associadas, por exemplo, a linfadenopatia e a doença que deu o nome original ao vírus aquando da descoberta do VIH (CDC, 1982; Borre-Sinoussi *et al.,* 1983). Utilizaram também o sarcoma de Kaposi e as infecções oportunistas, nome pelo qual foi criada uma task force em 1981 (CDC, 1982). A certa altura, o CDC cunhou a expressão "a doença 4H", uma vez que a síndrome parecia afetar haitianos, homossexuais, hemofílicos e consumidores de heroína (AAAS, 2006). Na imprensa em geral, tinha sido cunhado o termo "GRID", que significava imunodeficiência relacionada com os homossexuais (Altman, 1982). No entanto, depois de se ter determinado que a SIDA não estava isolada na comunidade gay (CDC, 1982), percebeu-se que o termo GRID era enganador e o termo SIDA foi introduzido numa reunião em julho de 1982 (Kher, 1982). Em setembro de 1982, o CDC começou a referir-se à doença como SIDA (CDC, 1982).

Em 1983, dois grupos de investigação distintos, liderados por Robert Gallo e Luc Montagnier, declararam independentemente que um novo retrovírus poderia estar a infetar doentes com SIDA e publicaram as suas descobertas na mesma edição da revista Science (Gallo *et al.,* 1983; Barre Sinoussi *et al.,* 1983). Gallo afirmou que se tratava de um vírus HTLV - III. Ao mesmo tempo, o grupo de Montagniers isolou um vírus de um doente que apresentava inchaço dos gânglios linfáticos do pescoço e fraqueza física, dois sintomas caraterísticos da SIDA. Contrariando o relatório do grupo de Gallo, Montagnier e os seus colegas demonstraram que as proteínas centrais deste vírus eram imunologicamente diferentes das do HTLV-1. O grupo de Montagnier designou o seu vírus isolado por vírus associado à linfadenopatia (LAV) (Bosavopathruni e Anderson, 2007). Como se verificou que estes dois vírus eram o mesmo, em 1986, o LAV e o HTLV - III passaram a chamar-se VIH (Aldrich, 2001).

1.2.2 Origem

Pensa-se que tanto o VIH - 1 como o VIH - 2 tiveram origem em primatas não humanos na África Centro-Ocidental e foram transferidos para os seres humanos no início do século XX (Sharp, 2011). O VIH - 1 parece ter tido origem nos Camarões do Sul através da evolução do SIV (CPZ), um vírus da imunodeficiência símia (SIV) que afecta os chimpanzés selvagens (o VIH - 1 descende do SIV CPZ endémico na subespécie de chimpanzé *Pantrogiodytes troglodytes*) (Gao *et al.,* 2001; Keele *et al.,* 2006). O parente mais próximo do VIH - 2 é o SIV (SMM), um vírus do mangabey (Cercocebus atys atys), um macaco do Velho Mundo que vive na África Ocidental literal (do sul do Senegal à Costa do Marfim ocidental) (Reeves e Doms, 2002).

Os macacos do Novo Mundo, como o macaco-coruja, são resistentes à infeção pelo VIH - 1, possivelmente devido a uma fusão genómica de dois genes de resistência viral (Goodier e Kazazian, 2008). Pensa-se que o VIH - 1 tenha ultrapassado a barreira das espécies em pelo menos três ocasiões distintas, dando origem aos três grupos do vírus, M, N e O (Sharp *et al.,* 2001).

Há provas de que os seres humanos que participam em actividades relacionadas com a carne de animais selvagens, quer como caçadores, quer como vendedores de carne de animais selvagens, adquirem normalmente o SIV (Kalish *et al.,* 2005). No entanto, o SIV é um vírus fraco que é tipicamente suprimido pelo sistema imunitário humano nas semanas seguintes à infeção. Pensa-se que são necessárias várias transmissões do vírus de um indivíduo numa sucessão rápida para lhe dar tempo suficiente para se transformar em VIH (Marx *et al.,* 2001).

Além disso, devido à sua taxa de transmissão de pessoa para pessoa relativamente baixa, o SIV só pode propagar-se na população na presença de mais um dos canais de transmissão de alto risco, que se pensa estarem ausentes em África antes do século XX. Os canais específicos de transmissão de alto risco propostos, que permitem que o vírus se adapte aos seres humanos e se propague por toda a sociedade, dependem do momento proposto para o cruzamento entre animais e seres humanos. Estudos genéticos do vírus sugerem que o antepassado comum mais recente do grupo VIH - 1 M remonta a cerca de 1910 (Worobey *et al.,* 2008).

Os defensores desta datação associam a epidemia de VIH ao surgimento do colonialismo e ao crescimento das grandes cidades africanas coloniais, o que levou a mudanças sociais, incluindo um maior grau de promiscuidade sexual, a disseminação da prostituição e a elevada frequência de doenças genitais ulcerosas (como a sífilis) nas cidades coloniais nascentes (Sousa *et al.*, 2010).

Embora as taxas de transmissão do VIH durante as relações sexuais vaginais sejam baixas em circunstâncias normais, aumentam muitas vezes se um dos parceiros sofrer de uma infeção sexualmente transmissível que resulte em úlceras genitais. As cidades coloniais do início do século XX eram notáveis devido à sua elevada prevalência de prostituição e úlceras genitais, ao ponto de, em 1928, se pensar que 45% das mulheres residentes no leste de Kinshasa eram prostitutas e, em 1933, cerca de 15% de todos os residentes da mesma cidade estavam infectados por uma das formas de sífilis (Sousa *et al.*, 2010).

Um ponto de vista alternativo sustenta que as práticas médicas pouco seguras em África durante os anos que se seguiram à Segunda Guerra Mundial, como a reutilização não esterilizada de seringas de utilização única durante as campanhas de vacinação em massa e de tratamento com antibióticos e anti-malária, foram o vetor inicial que permitiu que o vírus se adaptasse aos seres humanos e se propagasse (Marx *et al.*, 2001; Chitinis *et al.*, 2000; Donald e McNeil, 2010). O primeiro caso bem documentado de VIH num ser humano data de 1959, no Congo (Zhu *et al.*, 1998).

O vírus pode ter estado presente nos Estados Unidos já em 1966 (Kolata, 1989), mas a grande maioria das infecções que ocorrem fora da África subsariana (incluindo os EUA) pode ser atribuída a um único indivíduo desconhecido que foi infetado com o VIH no Haiti e depois trouxe a infeção para os Estados Unidos por volta de 1969 (Gilbert *et al.*, 2007). A epidemia espalhou-se então rapidamente entre grupos de alto risco (inicialmente, homens sexualmente promíscuos que fazem sexo com homens). Em 1978, a prevalência do VIH - 1 entre os homossexuais masculinos residentes em Nova Iorque e São Francisco foi estimada em 5%, o que sugere que vários milhares de indivíduos no país tinham sido infectados (Gilbert *et al.*, 2007).

CAPÍTULO 2
INFORMAÇÕES GERAIS SOBRE O VIH/SIDA

2.1 VIH/SIDA

A infeção pelo vírus da imunodeficiência humana/síndrome da imunodeficiência adquirida (VIH/SIDA) é uma doença do sistema imunitário humano causada pelo vírus da imunodeficiência humana (VIH) (Sepkowitz, 2001). Durante a infeção inicial, uma pessoa pode ter um breve período de doença semelhante à gripe. Este é tipicamente seguido por um período prolongado sem sintomas. À medida que a doença progride, interfere cada vez mais com o sistema imunitário, tornando a pessoa muito mais suscetível de contrair infecções, incluindo infecções oportunistas, e tumores que normalmente não afectam as pessoas que têm sistemas imunitários funcionais.

O VIH é transmitido principalmente através de relações sexuais desprotegidas (incluindo sexo anal e mesmo oral), transfusões de sangue contaminado, agulhas hipodérmicas e de mãe para filho durante a gravidez, o parto ou a amamentação (Morkowitz *et al.*, 2007). Alguns fluidos corporais, como a saliva e as lágrimas, não transmitem o VIH (CDC, 2003). A prevenção da infeção pelo VIH, principalmente através de sexo seguro e de programas de troca de seringas, é uma estratégia fundamental para controlar a propagação da doença. Não existe cura ou vacina; no entanto, o tratamento antirretroviral pode retardar o curso da doença e pode levar a uma expetativa de vida quase normal. Embora o tratamento antirretroviral reduza o risco de morte e as complicações da doença, estes medicamentos são caros e podem estar associados a efeitos secundários.

A investigação genética indica que o VIH teve origem na África centro-oeste durante o início do século XX (Sharp e Hahn, 2011). A SIDA foi reconhecida pela primeira vez pelos Centros de Controlo e Prevenção de Doenças (CDC) em 1981 e a sua causa - a infeção pelo VIH - foi identificada no início da década (Gallo, 2006). Desde a sua descoberta, a SIDA causou cerca de 30 milhões de mortes (a partir de 2009), (UNAIDS, 2010). Em 2010, cerca de 34 milhões de pessoas contraíram o VIH em todo o mundo (ONUSIDA, 2011). A SIDA é considerada uma pandemia - um surto de doença que está presente numa grande área e se propaga ativamente (Kallings, 2008).

O VIH/SIDA tem tido um grande impacto na sociedade, quer como doença, quer como fonte de discriminação. A doença tem também um impacto económico significativo. Há muitas ideias erradas sobre o VIH/SIDA, como a crença de que pode ser transmitido por contacto casual não sexual. A doença também se tornou objeto de muitas controvérsias que envolvem a religião.

2.2 Sinais e sintomas da infeção pelo VIH

Existem três fases principais da infeção pelo VIH: - Infeção aguda
- Latência clínica - SIDA

2.2.1 Infeção aguda

O período inicial após a contração do VIH é designado por VIH agudo, VIH primário ou síndrome retroviral agudo (Mandell *et al.,* 2010; OMS, 2007). Muitos indivíduos desenvolvem uma doença semelhante à gripe ou uma doença semelhante à mononucleose 2-4 semanas após a exposição, enquanto outros não apresentam sintomas significativos (Marshall, 2008; Mandell *et al.,* 2010). Os sintomas ocorrem em 40-90% dos casos e incluem mais frequentemente febre, gânglios linfáticos grandes e sensíveis, inflamação da garganta, erupção cutânea, dor de cabeça e/ou feridas na boca e nos órgãos genitais (OMS, 2007; Mandell *et al.,* 2010). A erupção cutânea, que ocorre em 20-50% dos casos, apresenta-se no tronco e é classicamente maculopapular (Vogel *et al.,* 2010).

Algumas pessoas também desenvolvem infecções oportunistas nesta fase (OMS, 2007). Podem ocorrer sintomas gastrointestinais, como náuseas, vómitos ou diarreia, bem como sintomas neurológicos de neutropatia periférica ou síndrome de Guillain-Barré (Mandell *et al.,* 2010). A duração dos sintomas varia, mas é geralmente de uma ou duas semanas (Mandell *et al.,* 2010). Devido ao seu carácter inespecífico, estes sintomas não são frequentemente reconhecidos como sinais de infeção pelo VIH. Mesmo os casos que são vistos por um médico de família ou por um hospital são muitas vezes mal diagnosticados como uma das muitas doenças infecciosas comuns com sintomas que se sobrepõem. Assim, recomenda-se que o VIH seja considerado em doentes que apresentem uma febre inexplicável e que possam ter factores de risco de infeção (Mandell *et al.,* 2010).

2.2.2 Latência clínica

Aos sintomas iniciais segue-se uma fase denominada latência clínica, VIH assintomático ou VIH crónico (U.S.D.H.H.S., 2010). Sem tratamento, esta segunda fase da história natural da infeção pelo VIH pode durar de cerca de três anos (Evian e Clive, 2006) a mais de 20 anos (Berlim, 2001), (em média, cerca de oito anos), (Elliott e Tom, 2012).

Embora, normalmente, haja poucos ou nenhuns sintomas no início, perto do final desta fase muitas pessoas têm febre, perda de peso, problemas gastrointestinais e dores musculares (U.S.D.H.H.S, 2010). Entre 50 e 70% das pessoas também desenvolvem linfadenopatia generalizada persistente, caracterizada por um aumento inexplicável e não doloroso de mais do que um grupo de gânglios linfáticos (exceto na virilha) durante mais de três a seis meses (Mandell *et al.*, 2010).

Embora a maioria dos indivíduos infectados pelo VIH - 1 tenha uma carga viral detetável e, na ausência de tratamento, acabe por evoluir para SIDA, uma pequena proporção (cerca de 5%) mantém níveis elevados de células T $CD4^{+}$ (células T auxiliares) sem terapia antirretroviral durante mais de 5 anos (Mandell *et al.*, 2010; Blackson, 2010). Estes indivíduos são classificados como controladores do VIH ou não progressores a longo prazo (LTNP), e aqueles que também mantêm uma carga viral baixa ou indetetável sem tratamento antirretroviral são conhecidos como "controladores de elite" ou "supressores de elite" (Blackson, 2010).

2.2.3 SIDA (Síndrome de Imunodeficiência Adquirida)

A síndrome da imunodeficiência adquirida (SIDA) é definida em termos de uma contagem de células T $CD4+$ inferior a 200 células por litro ou da ocorrência de doenças específicas associadas a uma infeção por VIH (Mandell *et al.*, 2010). Na ausência de tratamento específico, cerca de metade das pessoas infectadas com VIH desenvolvem SIDA no prazo de dez anos (Mandell *et al.*, 2010). As condições iniciais mais comuns que alertam para a presença de SIDA são a *pneumonia por Pnuemocystis* (40%), a caquexia sob a forma de síndrome de debilitação do VIH (20%) e a candidíase esofágica (Mandell *et al.*, 2010). Outros sinais comuns incluem infecções recorrentes do trato respiratório (Mandell *et al.*, 2010).

As infecções oportunistas podem ser causadas por bactérias, vírus, fungos e parasitas que são normalmente controlados pelo sistema imunitário (Holmes *et al.*, 2003). As infecções que ocorrem dependem em parte dos organismos que são comuns no ambiente da pessoa (Mandell *et al.*, 2010). Estas infecções podem afetar quase todos os sistemas orgânicos (Chu e Selwyn, 2011). As pessoas com SIDA têm um risco acrescido de desenvolver vários cancros induzidos por vírus, incluindo: O sarcoma de Kaposi, o linfoma de Burkitt, o linfoma primário do sistema nervoso central e o cancro do colo do útero (Vogel *et al.*, 2010). O sarcoma de Kaposi é o cancro mais comum, ocorrendo em 10 a 20% das pessoas com VIH (Mandell *et al.*, 2010).

O segundo cancro mais comum é o linfoma, que é a causa de morte de quase 16% das pessoas com SIDA e é o sinal inicial de SIDA em 3 a 4% (Mandell *et al.*, 2010). Estes dois cancros estão associados ao herpesvírus humano 8 (Mandell *et al.*, 2010). Além disso, apresentam frequentemente sintomas sistemáticos como febres prolongadas, suores (sobretudo à noite), gânglios linfáticos inchados, arrepios, fraqueza e perda de peso (Health Solution, 2012). A diarreia é outro sintoma comum presente em cerca de 90% das pessoas com SIDA (Sestak, 2005).

2.3 Transmissão do VIH

O VIH é transmitido por três vias principais: contacto sexual, exposição a fluidos ou tecidos corporais infectados e de mãe para filho durante a gravidez, o parto ou a amamentação (conhecida como transmissão vertical) (Markowitz, 2007). Não há risco de contrair o VIH se formos expostos a fezes, secreções nasais, saliva, expetoração, suor, lágrimas, urina ou vómito, a não ser que estes estejam contaminados com sangue (Kripke, 2007). É possível ser co-infetado por mais do que uma estirpe de VIH - uma condição conhecida como super-infeção por VIH (Van der kuyl e Cornellissen, 2007).

2.3.1 Sexual

O modo mais frequente de transmissão do VIH é através do contacto sexual com uma pessoa infetada (Markowitz, 2007). A nível mundial, a maioria dos casos de transmissão ocorre através de contactos heterossexuais (ou seja, contactos sexuais entre pessoas do sexo oposto) (Markowitze, 2007). No entanto, o padrão de transmissão varia significativamente entre países.

No que diz respeito ao contacto heterossexual desprotegido, as estimativas do risco de transmissão do VIH por ato sexual parecem ser quatro a dez vezes mais elevadas nos países de baixo rendimento do que nos países de elevado rendimento (Boily *et al.*, 2009). Nos países de baixo rendimento, o risco de transmissão de mulher para homem é estimado em 0,38% por ato e de transmissão de homem para mulher em 0,30% por ato; as estimativas equivalentes para os países de elevado rendimento são 0,04% por ato para a transmissão de mulher para homem e 0,08% por ato para a transmissão de homem para mulher (Yu e Vajdy, 2010). O risco de transmissão a partir de relações sexuais anais é especialmente elevado, estimado em 1,4 - 1,7% (Boily *et al.*, 2009; Beyer *et al.*, 2012). Embora o risco de transmissão através do sexo oral seja relativamente baixo, não deixa de estar presente (Yu e Vajdy, 2010). O risco de receber sexo oral foi descrito como "quase nulo" (Sturchler, 2006), no entanto, foram registados alguns casos (Richard, 2010).

O risco por ato é estimado em 0 - 0,04% para o coito oral recetivo (Dosekun, 2010). Em contextos que envolvem sexo comercial em todo o mundo, o risco de transmissão de mulher para homem foi estimado em 2,4% por ato e o de transmissão de homem para mulher em 0,08% por ato (Boily *et al.*, 2009). O risco de transmissão aumenta na presença de muitas infecções sexualmente transmissíveis (Anderson, 2012) e de úlceras genitais (Boily *et al.*, 2009). As úlceras genitais parecem aumentar o risco aproximadamente cinco vezes (Boily *et al.*, 2009). Outras infecções sexualmente transmissíveis, como a *gonorreia, a clamídia, a tricomoníase* e a vaginose bacteriana, estão associadas a aumentos um pouco menores do risco de transmissão (Dosekun e

Fox, 2010).

A carga viral de uma pessoa infetada é um importante fator de risco na transmissão sexual e de mãe para filho (Anderson, 2012). Durante os primeiros 2,5 meses de uma infeção por VIH, a infecciosidade de uma pessoa é doze vezes superior devido a esta carga viral elevada (Desekun e Fox, 2010). Se a pessoa estiver na fase final da infeção, as taxas de transmissão são aproximadamente oito vezes maiores (Boily *et al.*, 2009). O sexo violento pode ser um fator associado a um maior risco de transmissão (Klimas *et al.*, 2008). Acredita-se que a agressão sexual também acarreta um risco acrescido de transmissão do VIH, uma vez que os preservativos raramente são usados, é provável que haja traumas físicos na vagina ou no reto e pode haver um maior risco de infecções sexualmente transmissíveis concomitantes (Draughon e Sheridan, 2012).

2.3.2 Fluidos corporais

O segundo modo mais frequente de transmissão do VIH é através do sangue e dos produtos sanguíneos (Markowitz, 2007). Consumo de drogas venosas por via sanguínea, ferimentos com agulhas, transfusão de sangue ou produtos sanguíneos contaminados ou injecções médicas com equipamento não esterilizado. O risco de partilhar uma agulha durante a injeção de drogas situa-se entre 0,63 e 2,4% por ato, com uma média de 0,8% (Baggaley *et al.*, 2006). O risco de contrair o VIH através de uma picada de agulha de uma pessoa infetada pelo VIH é estimado em 0,3% (cerca de 1 em 333) por ato e o risco após a exposição das mucosas a sangue infetado é de 0,09% (cerca de 1 em 1000) por ato (Kripke, 2007).

Nos Estados Unidos, os consumidores de drogas por via intravenosa representaram 12% de todos os novos casos de VIH em 2009 (U.S.D.H.H.S, 2012) e, em algumas zonas, mais de 80% das pessoas que injectam drogas são seropositivas (Markowitz, 2007). As transfusões de sangue com sangue infetado resultam na transmissão da infeção em cerca de 93% dos casos (Baggale *et al.*, 2006). Nos países desenvolvidos, o risco de contrair o VIH através de uma transfusão de sangue é extremamente baixo (menos de um em meio milhão) quando se procede a uma melhor seleção dos dadores e ao rastreio do VIH (Markowitz, 2007).

No Reino Unido, o risco é de um em cinco milhões (NHS, 2011). No entanto, nos países de baixo rendimento, apenas metade do sangue utilizado para transfusões pode ser adequadamente rastreado (a partir de 2008) (UNAIDS, 2011). Estima-se que até 15% das infecções por VIH nestas zonas provêm da transfusão de sangue e produtos sanguíneos infectados, o que representa entre 5% e 10% das infecções a nível mundial (Markowitz, 2007; OMS, 2007). As injecções médicas não seguras desempenham um papel significativo na propagação do VIH na África Subsariana. Em 2007, entre 12 e

17% das infecções nesta região foram atribuídas à utilização de seringas médicas (Reid, 2009).

A Organização Mundial de Saúde estima que o risco de transmissão resultante de uma injeção médica em África é de 1,2% (Reid, 2009). Também existem riscos significativos associados a procedimentos invasivos, parto assistido e cuidados dentários nesta zona do mundo (Reid, 2009). As pessoas que fazem ou recebem tatuagens, piercings e escarificações estão teoricamente em risco de infeção, mas não foram documentados casos confirmados (CDC, 2012). Não é possível que os mosquitos ou outros insectos transmitam o VIH (Crans, 2010).

2.3.3 De mãe para filho

O VIH pode ser transmitido de mãe para filho durante a gravidez, durante o parto ou através do leite materno (Cout Soudis *et al.*, 2010; USDHHS, 2012). Esta é a terceira forma mais comum de transmissão do VIH a nível mundial (Markowitz, 2007). Na ausência de tratamento, o risco de transmissão antes ou durante o parto é de cerca de 20% e, nas mulheres que também amamentam, de 35% (Coutsoudis *et al.*, 2010). Em 2008, a transmissão vertical era responsável por cerca de 90% dos casos de VIH em crianças (Coutsoudis *et al.*, 2010). Com um tratamento adequado, o risco de infeção de mãe para filho pode ser reduzido para cerca de 1% (Coutsoudis *et al.*, 2010). O tratamento preventivo envolve a toma de anti-retrovirais pela mãe durante a gravidez e o parto, uma cesariana electiva, evitar a amamentação e administrar medicamentos anti-retrovirais ao recém-nascido (Thorne e Newell, 2007).

No entanto, muitas destas medidas não estão disponíveis nos países em desenvolvimento (Thorne e Newell, 2007). Se o sangue contaminar os alimentos durante a pré-mastigação, pode representar um risco de transmissão (CDC, 2012).

CAPÍTULO 3
VIROLOGIA DO VIH

3.1 VIH

O VIH é a causa do espetro de doenças conhecido como VIH/SIDA. O VIH é um retrovírus que infecta principalmente componentes do sistema imunitário humano, tais como as células CD4+ , os macrófagos e as células dendríticas. Destrói direta e indiretamente as células T CD4+ (Alimonti *et al.*, 2003).

O VIH é um membro do género lentivírus (ICTV, 2002), que faz parte da família dos retrovírus (ICTV, 2002). Os lentivírus partilham muitas caraterísticas morfológicas e biológicas. Muitas espécies de mamíferos são infectadas por lentivírus, que são carateristicamente responsáveis por doenças de longa duração com um longo período de incubação (Levy, 1993).

Os lentivírus são transmitidos como vírus ARN de cadeia simples, de sentido positivo, com envelope. À entrada na célula-alvo, o gémeo do ARN viral é convertido (transcrito reversamente) em ADN de cadeia dupla por uma transcriptase reversa codificada pelo vírus, que é transportada juntamente com o genoma viral na partícula viral. O ADN viral resultante é então importado para o núcleo da célula e integrado no ADN celular por uma integrase codificada pelo vírus e por co-factores do hospedeiro (Smith e Daniel, 2006). Uma vez integrado, o vírus pode tornar-se latente, permitindo que o vírus e a sua célula hospedeira evitem a deteção pelo sistema imunitário (Mortinez, 2010). Em alternativa, o vírus pode ser transcrito, produzindo novos genomas de ARN e proteínas virais que são embalados e libertados da célula como novas partículas de vírus que iniciam um novo ciclo de replicação (Pier *et al*, 2004).

Foram caracterizados dois tipos de VIH: VIH-1 e VIH-2. O VIH - 1 é o vírus que foi originalmente descoberto (e inicialmente referido também como LAV ou HTLV-III). É mais virulento, mais infecioso (Gilbert *et al.,* 2003) e é a causa da maioria das infecções por VIH a nível mundial. A menor infecciosidade do VIH-2 em comparação com o VIH-1 implica que menos pessoas expostas ao VIH-2 serão infectadas por exposição. Devido à sua relativamente fraca capacidade de transmissão, o VIH - 2 está largamente confirmado na África Ocidental (Reeves e Doms, 2002).

3.1.1 Fisiopatologia

Depois de o vírus entrar no corpo, há um período de rápida replicação viral, levando a uma abundância de vírus no sangue periférico. Durante a infeção primária, o nível de VIH pode atingir vários milhões de partículas de vírus por mililitro de sangue (Piatak *et al.,* 1993). Esta resposta é acompanhada por uma queda acentuada do número de células T CD4+ circulantes. A viremia aguda está quase invariavelmente associada à ativação das células T $CD8^+$, que matam as células infectadas pelo VIH e, subsequentemente, à produção de anticorpos ou à seroconversão. Pensa-se que a resposta das células T $CD8^+$ é importante para controlar os níveis de vírus, que atingem picos e diminuem à medida que as contagens de células T $CD4^+$ recuperam. Uma boa resposta das células T $CD8^+$ tem sido associada a uma progressão mais lenta da doença e a um melhor prognóstico, embora não elimine o vírus (Pantaleo *et al.,* 1997).

A fisiopatologia da SIDA é complexa (Guss, 1994). Em última análise, o VIH causa a SIDA ao esgotar as células T $CD4^+$. Isto enfraquece o sistema imunitário e permite infecções oportunistas. As células T são essenciais para a resposta imunitária e, sem elas, o organismo não pode combater as infecções nem matar as células cancerosas. O mecanismo de depleção das células T $CD4^+$ difere nas fases aguda e crónica (Hel *et al.,* 2006). Durante a fase aguda, a lise celular induzida pelo VIH e a morte das células infectadas por células T citotóxicas são responsáveis pela depleção das células T $CD4^+$, embora a apoptose também possa ser um fator. Durante a fase crónica, as consequências da ativação imunitária generalizada, juntamente com a perda gradual da capacidade do sistema imunitário para gerar novas células T, parecem ser responsáveis pelo declínio lento do número de células T CD_4^+ (Arie *et al.,* 2007).

Embora os sintomas de imunodeficiência caraterísticos da SIDA só apareçam anos depois de uma pessoa ter sido infetada, a maior parte da perda de células T $CD4^+$ ocorre durante as primeiras semanas de infeção, especialmente na mucosa intestinal, que alberga a maioria dos linfócitos encontrados no corpo (Mehandru *et al.,* 2004). A razão da perda preferencial de células T $CD4^+$ da mucosa exprime a proteína CCR5, que o VIH utiliza como co-recetor para aceder às células, ao passo que apenas uma pequena fração das células T $CD4^+$ na corrente sanguínea o faz (Brenchley *et al.,* 2004).

O VIH procura e destrói as células T $CD4^+$ que expressam CCR5 durante a infeção aguda (Julio, 2011). Uma resposta imunitária vigorosa acaba por controlar a infeção e inicia a fase clinicamente latente. As células T $CD4^+$ nos tecidos das mucosas permanecem particularmente afectadas (Julio, 2011). A replicação contínua do VIH resulta num estado de ativação imunitária generalizada que persiste ao longo da fase crónica (Appay e Sauce, 2008). A ativação imunitária, que se reflecte no aumento do estado de ativação das células imunitárias e na libertação de citocinas pró-inflamatórias, resulta da atividade de vários produtos genéticos do VIH e da resposta imunitária à replicação contínua do VIH. Está também ligada à quebra do sistema de vigilância imunitária da barreira da mucosa gastrointestinal causada pela depleção das células T $CD4^+$ da mucosa durante a fase aguda da doença (Brenchley *et al.,* 2006).

3.1.2 Epidemiologia

O VIH/SIDA é uma pandemia mundial (Cohen *et al.,* 2008). Em 2010, cerca de 34 milhões de pessoas tinham VIH em todo o mundo (UNAIDS, 2011). Destas, aproximadamente 16,8 milhões são mulheres e 3,4 milhões têm menos de 15 anos de idade (ONUSIDA, 2011). A África subsariana é a região mais afetada. Em 2010, estima-se que 68% (22,9 milhões) de todos os casos de VIH e 66% de todas as mortes (1,2 milhões) ocorreram nesta região (ONUSIDA, 2011). Isto significa que cerca de 5% da população adulta está infetada (UNAIDS, 2011) e acredita-se que seja a causa de 10% de todas as mortes em crianças (Mandell, *et al.,* 2000). Aqui, em contraste com outras regiões, as mulheres representam quase 60% dos casos (ONUSIDA, 2011). A África do Sul tem a maior população de pessoas com VIH de todos os países do mundo, com 5,9 milhões de pessoas (ONUSIDA, 2011). A esperança de vida diminuiu nos países mais afectados pelo VIH/SIDA; por exemplo, em 2006, estimava-se que tinha baixado de 65 para 35 anos no Botsuana (Kallings, 2008).

O Sul e o Sudeste Asiático são os mais afectados; em 2010, esta região continha cerca de 4 milhões de casos ou 12% de todas as pessoas que vivem com o VIH, resultando em aproximadamente 250 000 mortes (ONUSIDA, 2011). Cerca de 2,4 milhões destes casos registam-se na Índia (ONUSIDA, 2011). A prevalência é mais baixa na Europa Ocidental e Central, com 0,2%, e na Ásia Oriental, com 0,1% (ONUSIDA, 2011). Em 2008, nos Estados Unidos, cerca de 1,2 milhões de pessoas viviam com o VIH, o que resultou em cerca de 17 500 mortes. O Centro de Controlo e Prevenção de Doenças estimou que, em 2008, 20% dos americanos infectados não tinham conhecimento da sua infeção (CDC, 2010).

No Reino Unido, em 2009, registaram-se cerca de 86 500 casos que resultaram em 516 mortes (HPA, 2010). No Canadá, em 2008, registaram-se cerca de 65.000 casos que resultaram em 53 mortes (CDC, 2010).

Entre o primeiro reconhecimento da SIDA, em 1981, e 2009, esta provocou cerca de 30 milhões de mortes (ONUSIDA, 2010).

3.2 Diagnóstico do VIH

O VIH/SIDA é diagnosticado através de testes laboratoriais e, em seguida, é estadiado com base na presença de determinados sinais ou sintomas (OMS, 2007). A despistagem do VIH é recomendada para todas as pessoas de alto risco, o que inclui qualquer pessoa a quem tenha sido diagnosticada uma doença sexualmente transmissível (Vogel *et al.,* 2010). Em muitas regiões do mundo, um terço dos portadores do VIH só descobre que está infetado numa fase avançada da doença, quando a SIDA ou a imunodeficiência grave já se manifestou (Vogel *et al.,* 2010).

3.2.1 Teste de VIH

A maioria das pessoas infectadas com VIH desenvolve anticorpos específicos (ou seja, seroconversão) no prazo de três a doze semanas após a infeção inicial (Mandell *et al.*, 2010). O diagnóstico do VIH primário antes da seroconversão é feito através da medição do ARN do VIH ou do antigénio p24 (Mandell *et al.*, 2010). Os resultados positivos obtidos por testes de anticorpos ou PCR são confirmados por um anticorpo diferente ou por PCR (OMS, 2007).

Os testes de anticorpos em crianças com menos de 18 meses são tipicamente imprecisos devido à presença contínua de anticorpos maternos (Kellerman e Essajee, 2010). Assim, a infeção pelo VIH só pode ser diagnosticada através do teste PCR para o antigénio p24 (OMS, 2007). Grande parte do mundo não tem acesso a testes PCR fiáveis e muitos lugares simplesmente esperam até que os sintomas se desenvolvam ou até que a criança tenha idade suficiente para fazer um teste de anticorpos preciso (Kellerman e Essajee, 2010). Na África subsariana, entre 2007 e 2009, entre 30-70% da população tinha conhecimento do seu estado de VIH (UNAIDS, 2011). Em 2009, entre quatro e 42% da população foi testada (ONUSIDA, 2011). Estes números representam aumentos substanciais em relação aos dez anos anteriores (ONUSIDA, 2011).

3.3 Classificação da infeção pelo VIH

Para efeitos de vigilância, são utilizados dois sistemas principais de estadiamento clínico para classificar o VIH e as doenças relacionadas com o VIH: o sistema de estadiamento da OMS para a infeção e a doença pelo VIH (OMS, 2007) e o sistema de classificação do CDC para a infeção pelo VIH (Schneider *et al.*, 2008). O sistema de classificação do CDC é mais frequentemente adotado nos países desenvolvidos. Uma vez que o sistema de estadiamento da OMS não requer testes laboratoriais, é adequado às condições de recursos limitados que se verificam nos países em desenvolvimento. Apesar das suas diferenças, os dois sistemas permitem a comparação para fins estatísticos (Mandell, 2010; OMS, 2007; Schneider *et al.*, 2008). A Organização Mundial de Saúde propôs pela primeira vez uma definição de SIDA em 1986 (OMS, 2007). Desde então, a classificação da OMS foi actualizada e alargada várias vezes, tendo a versão mais recente sido publicada em 2007 (OMS, 2007).

O sistema da OMS utiliza as seguintes categorias:

- Infeção primária pelo VIH: pode ser assintomática ou estar associada a uma síndrome retroviral aguda.
- Fase 1: A infeção pelo VIH é assintomática com uma contagem de células T $CD4^{+}$ (também conhecida como contagem de CD4) superior a 500/^l (OMS, 2007). Pode

incluir um aumento generalizado dos gânglios linfáticos (OMS, 2007).

- Fase II: Sintomas ligeiros que podem incluir pequenas manifestações mucocutâneas e infecções recorrentes do trato respiratório superior. Uma contagem de CD4 inferior a 500/^1 (OMS, 2007).
- Fase III: Sintomas avançados que podem incluir diarreia crónica inexplicável durante mais de um mês, infecções bacterianas graves, incluindo tuberculose pulmonar, bem como uma contagem de CD4 inferior a 350/p.l (OMS, 2007).
- Fase IV ou SIDA: Sintomas graves que incluem toxoplasmose cerebral, candidíase do esófago, da traqueia, dos brônquios ou dos pulmões e sarcoma de Koposi. Uma contagem de CD4 inferior a 200/^1 (OMS, 2007).

O Centro de Controlo e Prevenção de Doenças dos Estados Unidos também criou um sistema de classificação do VIH, que actualizou em 2008 (Schneider *et al.,* 2008). Neste sistema, as infecções por VIH são classificadas com base na contagem de CD4 e nos sintomas clínicos (Schneider *et al.,* 2008) e descreve a infeção em três fases: - Fase 1: Contagem de CD4 > 500células/p.l e ausência de condições que definam a SIDA.

- Fase 2: Contagem de CD4 de 200 a 500 células/^1 e sem condições que definam a SIDA.
- Fase 3: Contagem de CD4 < 200 células/^1 ou condições que definem a SIDA.
- Desconhecido: As informações disponíveis são insuficientes para efetuar qualquer uma das classificações acima referidas.

Para efeitos de vigilância, o diagnóstico de SIDA mantém-se mesmo que, após o tratamento, a contagem de células T CD4+ suba para mais de 200 por litro de sangue ou que outras doenças que definem a SIDA sejam curadas (Mandell, 2010).

CAPÍTULO 4
PREVENÇÃO DO VIH

4.1 Contacto sexual

A utilização consistente do preservativo reduz o risco de transmissão do VIH em cerca de 80% a longo prazo (Crosby e Bounse, 2012). Quando um dos parceiros de um casal está infetado, o uso consistente do preservativo resulta em taxas de infeção pelo VIH para a pessoa não infetada inferiores a 1% por ano (OMS, 2006).

Existem algumas provas que sugerem que os preservativos femininos podem proporcionar um nível de proteção equivalente (Gallo *et al.*, 2012). A aplicação de um gel vaginal contendo tenofovir (um inibidor da transcriptase reversa) imediatamente antes da relação sexual parece reduzir as taxas de infeção em cerca de 40% entre as mulheres africanas (Celum e beaten, 2012). Em contrapartida, a utilização do espermicida nonoxinol - 9 pode aumentar o risco de transmissão devido à sua tendência para causar irritação vaginal e rectal (Batista e Ramalho-Santos, 2009). A circuncisão na África subsariana "reduz a aquisição do VIH por homens heterossexuais entre 38% e 66% em 24 meses" (Siegfried *et al.*, 2009).

Com base nestes estudos, a Organização Mundial de Saúde e a ONUSIDA recomendaram a circuncisão masculina como método de prevenção da transmissão do VIH de mulher para homem em 2007 (OMS e ONUSIDA, 2007). Não se sabe se é benéfica em países desenvolvidos e entre homens que fazem sexo com homens (Kim *et al.*, 2010; Templetion *et al.*, 2010; Wiysinge *et al.*, 2011). Alguns especialistas temem que uma menor perceção de vulnerabilidade entre homens circuncidados possa resultar em mais comportamentos sexuais de risco, anulando assim os seus efeitos preventivos (Eaton e Kalichman, 2007).

As mulheres que foram submetidas à mutilação genital feminina têm um risco acrescido de contrair o VIH (Utz-Billin e Kentenich, 2008). Os programas que incentivam a abstinência sexual não parecem afetar o risco subsequente de VIH (Underhill *et al.*, 2008). A evidência de um benefício da educação por pares é igualmente fraca (Tolli, 2012). A educação sexual abrangente fornecida na escola pode diminuir o comportamento de alto risco (Ljubojevic e Lipozencic, 2010). Uma minoria substancial de jovens continua a envolver-se em práticas de alto risco apesar de conhecer o VIH/SIDA, subestimando o seu próprio risco de ser infetado pelo VIH (Patel *et al*,

2008). Não se sabe se o tratamento de outras infecções sexualmente transmissíveis é eficaz na prevenção do VIH (Ng *et al.*, 2011).

4.2 Pré-exposição

O tratamento com anti-retrovirais de pessoas com VIH cuja contagem de CD4 é >350 células/ul protege 95% dos seus parceiros da infeção (Anglemeyer *et al.*, 2011). A profilaxia de pré-exposição com uma dose diária do medicamento tenofovir, com ou sem entricitabina, é eficaz em vários grupos, incluindo: homens que fazem sexo com homens, casais em que um deles é seropositivo e jovens heterossexuais em África (Celum e Baeten, 2012). Acredita-se que as precauções universais no ambiente dos cuidados de saúde são eficazes para diminuir o risco de VIH (CDC, 1987). As estratégias intravenosas, como os programas de troca de seringas e a terapia de substituição de opiáceos, parecem ser eficazes para diminuir este risco (Kurth *et al.*, 2011; MacAthur *et al.*, 2012).

4.3 Pós-exposição

Um curso de anti-retrovirais administrado dentro de 48 a 72 horas após a exposição a sangue ou secreções genitais VIH positivos é referido como profilaxia pós-exposição (NCBI, 2012). A utilização do agente único zidovudina reduz cinco vezes o risco de infeção subsequente pelo VIH após um ferimento com uma agulha (NCBI, 2012). O tratamento é recomendado após uma agressão sexual quando se sabe que o agressor é seropositivo, mas é controverso quando o seu estatuto serológico é conhecido (Linder, 2011).

Os regimes de tratamento actuais utilizam normalmente lopinavir e lamivudina/zidovudina ou emtricitabina/tenofovir e podem diminuir ainda mais o risco (NCBI, 2012). A duração do tratamento é habitualmente de quatro semanas (Young *et al.*, 2007) e está frequentemente associada a efeitos adversos (com a zidovudina em cerca de 70% dos casos, incluindo náuseas em 24%, fadiga em 22%, perturbações emocionais em 13% e dores de cabeça em 9% (Kripke, 2007).

4.4 Mãe - para - Filho

Os programas de prevenção da transmissão vertical do VIH (de mães para filhos) podem reduzir as taxas de transmissão em 92 - 99% (Coutsoudis *et al.*, Kurth *et al.*, 2011). Isto envolve principalmente a utilização de uma combinação de medicamentos antivirais durante a gravidez e após o nascimento do bebé e inclui potencialmente a alimentação por biberão em vez da amamentação (Coutsoudis *et al.*, 2010; Siegfried *et al.*, 2011).

Se a alimentação de substituição for aceitável, viável, acessível, sustentável e segura, as mães devem evitar amamentar os seus bebés; no entanto, se não for esse o caso, recomenda-se o aleitamento materno exclusivo durante os primeiros meses de vida (OMS, 2006). Se o aleitamento materno exclusivo for praticado, o fornecimento de profilaxia antirretroviral alargada ao bebé diminui o risco de transmissão (Horvath *et al.,* 2009).

4.5 Vacinação

Até 2012, não existe uma vacina eficaz contra o VIH ou a SIDA (UNAIDS, 2012). Um único ensaio da vacina RV 144, publicado em 2009, revelou uma redução parcial do risco de transmissão de cerca de 30%, estimulando alguma esperança na comunidade científica de desenvolver uma vacina verdadeiramente eficaz (Reynell e Trkola, 2012). Estão a decorrer outros ensaios da vacina contra o VSR 144 (U.S.D.H.H.S., 2011; U.S.D.H.H.S., 2010).

4.6 Gestão

Atualmente, não existe cura nem vacina eficaz contra o VIH. O tratamento consiste numa terapia antirretroviral altamente ativa (HAART) que retarda a progressão da doença (May e Ingle, 2011) e, em 2010, mais de 6,6 milhões de pessoas estavam a tomá-la em países de baixo e médio rendimento (UNAIDS, 2011). O tratamento também inclui o tratamento preventivo e ativo das infecções oportunistas.

4.7 Terapia antiviral

As opções actuais de HAART são combinações (como "cocktails") que consistem em pelo menos três medicamentos pertencentes a pelo menos dois tipos ou "classes" de agentes anti-retrovirais (OMS, 2010). Inicialmente, o tratamento consiste normalmente num inibidor da transcriptase reversa não nucleósido (NNRTI) mais dois inibidores da transcriptase reversa análogos de nucleósido (NRTI) (OMS, 2010). Os NRTI típicos incluem: Zidovudina (AZT) ou tenofovir (TDF) e lamivudina (3TC) ou emtricitabina (FTC) (OMS, 2010). As combinações de agentes que incluem inibidores da protease (IP) são utilizadas se o regime anterior perder eficácia (OMS, 2010). O momento de iniciar a terapia antirretroviral é objeto de debate (Vogel *et al.,* 2010; Sax e Baden, 2009).

Tanto a Organização Mundial de Saúde, como as diretrizes europeias e os Estados Unidos recomendam o uso de anti-retrovirais em todos os adolescentes, adultos e mulheres grávidas com uma contagem de CD4 inferior a 350/p.l ou com sintomas independentemente da contagem de CD4 (Vogel *et al.,* 2010; OMS, 2010). Esta recomendação é apoiada pelo facto de o início do tratamento a este nível reduzir o risco de morte (Siegfried *et al.,* 2010). Os Estados Unidos recomendam o uso de anti-retrovirais em todos os adolescentes, adultos e mulheres grávidas com uma contagem de CD4 sintomática, mas fazem esta recomendação com menos confiança para as pessoas com contagens mais elevadas (USDHHS, 2009). A OMS também recomenda o tratamento para as pessoas co-infectadas com tuberculose e para as pessoas com hepatite B crónica ativa (OMS, 2010). Uma vez iniciado o tratamento, recomenda-se que este seja continuado sem pausas ou "férias" (Vogel *et al.*, 2010). Muitas pessoas são diagnosticadas apenas depois do momento em que o tratamento deveria idealmente ter começado (Vogel *et al.*, 2010). O resultado desejado do tratamento é uma contagem plasmática do VIH-RNA a longo prazo inferior a 50 cópias/ml (Vogel *et al.*, 2010). Os níveis para determinar se o tratamento é eficaz são inicialmente recomendados após quatro semanas e, quando os níveis caem para menos de 50 cópias/ml, os controlos a cada três a seis meses são normalmente adequados (Vogel *et al.*, 2010). O controlo inadequado é considerado superior a 400 cópias (Vogel *et al.*, 2010). Com base nestes critérios, o tratamento é eficaz em mais de 95% das pessoas durante o primeiro ano (Vogel *et al.*, 2010).

Os benefícios do tratamento incluem uma diminuição do risco de progressão para SIDA e uma diminuição do risco de morte (Sterne *et al.*, 2009). Nos países em desenvolvimento, o tratamento também melhora a saúde física e mental (Beard *et al.*, 2009). Com o tratamento, há uma redução de 70% do risco de contrair tuberculose (OMS, 2010). Outros benefícios incluem uma diminuição da transmissão de mãe para filho (OMS, 2010). A eficácia do tratamento depende, em grande medida, da adesão ao mesmo (Vogel *et al.*, 2010). As razões para a não adesão incluem: acesso deficiente a cuidados médicos (Orrel, 2005), apoios sociais inadequados, doença mental e toxicodependência (Malta *et al.*, 2008). Além disso, a complexidade dos regimes de tratamento (devido ao número de comprimidos e à frequência de dosagem) e os efeitos adversos podem criar uma não adesão intencional (Nachega *et al.*, 2011).

No entanto, a adesão é tão boa nos países de baixo rendimento como nos de alto rendimento (Nachega *et al.*, 2010). Os acontecimentos adversos específicos estão relacionados com o agente tomado (Montessori *et al.*, 2004). Alguns relativamente comuns incluem: Síndrome de lipodistrofia, dislipidemia e diabetes mellitus especialmente com inibidores de protease (Mandell *et al.*, 2010).

Outros sintomas comuns incluem: diarreia, (Montessori *et al.*, 2004; Burgoyne e Tan, 2008) e um risco acrescido de doença cardiovascular (Barbaro e Barbarini, 2011). No entanto, os efeitos adversos são menores com alguns dos tratamentos mais recentes recomendados (Vogel *et al.*, 2010). O custo pode ser um problema, pois alguns medicamentos são caros (Orsi e d'almeda, 2010), mas, em 2010, 47% das pessoas que precisavam deles estavam a tomá-los em países de baixo e médio rendimento (ONUSIDA, 2011). Alguns medicamentos podem estar associados a malformações congénitas e, por conseguinte, não são adequados para as mulheres que esperam ter filhos (Vogel *et al.*, 2010).

As recomendações de tratamento para as crianças são ligeiramente diferentes das recomendações para os adultos. No mundo em desenvolvimento, em 2010, 23% das crianças que necessitavam de tratamento tinham acesso (ONUSIDA, 2011). Tanto a Organização Mundial de Saúde como os Estados Unidos recomendam o tratamento para todas as crianças com menos de doze meses de idade (OMS, 2010). Os Estados Unidos recomendam o tratamento para as crianças entre um ano e cinco anos de idade com contagens de ARN do VIH superiores a 100 000 cópias/ml e, para as crianças com mais de cinco anos, o tratamento quando as contagens de CD4 são inferiores a 500^/l (OMS, 2010).

4.8 Infecções oportunistas em doentes com VIH

As medidas de prevenção das infecções oportunistas são eficazes em muitas pessoas com VIH/SIDA. O tratamento com antivirais melhora frequentemente a situação atual e diminui o risco de futuras infecções oportunistas (Montessori *et al.,* 2004). A vacinação contra a hepatite A e B é aconselhada a todas as pessoas em risco de contrair o VIH antes de serem infectadas, mas também pode ser administrada após a infeção (Leurence, 2006).

Em contextos de recursos limitados, recomenda-se a profilaxia com trimetoprim/sulfametoxazol entre as quatro e as seis semanas de idade e o fim da amamentação em bebés nascidos de mães seropositivas (UNAIDS, 2011). Recomenda-se também a prevenção da PCP quando a contagem de CD4 de uma pessoa é inferior a 200 células/^L e para aqueles que já tiveram PCP anteriormente (Huang *et al.,* 2011). As pessoas com imunossupressão substancial também são aconselhadas a receber terapia profiláctica para a toxoplasmose e *a meningite por Crytococcus* (DHHS, 2007). As medidas preventivas adequadas reduziram a taxa destas infecções em 50% entre 1992 e 1997 (Smith e Blaine, 2008).

4.9 Medicina alternativa para o VIH

Nos Estados Unidos, cerca de 60% das pessoas com VIH utilizam várias formas de medicina complementar ou alternativa (Little e Vanable, 2008). No entanto, a eficácia da maioria destas terapias não foi estabelecida (Mills *et al.,* 2005). No que diz respeito ao aconselhamento dietético e à SIDA, algumas provas mostraram um benefício dos suplementos de micronutrientes (Irlam *et al.,* 2010). As provas relativas à suplementação com selénio são mistas, com algumas provas provisórias de benefício (Stone *et al.,* 2010).

Existem algumas provas de que a suplementação de vitamina A em crianças reduz a mortalidade e melhora o crescimento (Irlam *et al.,* 2010). Em África, em mulheres grávidas e lactantes nutricionalmente comprometidas, a toma de um suplemento multivitamínico melhorou os resultados tanto para as mães como para as crianças (Irlam *et al.*, 2010). A Organização Mundial de Saúde recomenda a ingestão de micronutrientes na dieta a níveis da DDR para adultos infectados pelo VIH (Forrester e Sztam; OMS, 2003).

A OMS afirma ainda que vários estudos indicam que a suplementação de vitamina A, zinco e ferro pode produzir efeitos adversos em adultos seropositivos (OMS, 2003). Não existem provas suficientes para apoiar a utilização de medicamentos à base de plantas (Liu *et al.*, 2005).

4.10 Prognóstico

O VIH/SIDA tornou-se uma doença crónica e não uma doença aguda e fatal em muitas regiões do mundo (Knoll *et al.*, 2007). O prognóstico varia consoante as pessoas, e tanto a contagem de CD4 como a carga viral são úteis para prever os resultados (Mandell *et al.*, 2010). Sem tratamento, estima-se que o tempo médio de sobrevivência após a infeção pelo VIH seja de 9 a 11 anos, dependendo do subtipo de VIH (UNAIDS e OMS, 2007). Após o diagnóstico de SIDA, se não houver tratamento disponível, a sobrevivência varia entre 6 e 19 meses (Morgan *et al.*, 2002; Zwahlen e Egger, 2006). A HAART e a prevenção adequada de infecções oportunistas reduzem a taxa de mortalidade em 80% e aumentam a esperança de vida de um jovem adulto recentemente diagnosticado para 20 a 50 anos (Knoll *et al.*, 2007, ATCC, 2008; Shackman *et al.*, 2006). Este valor situa-se entre dois terços (ATCC, 2008) e quase o mesmo da população em geral (Vogel *et al.*, 2010; Van *et al.*, 2010). Se o tratamento for iniciado tardiamente na infeção, o prognóstico não é tão bom (Vogel *et al.*, Knoll *et al.*, 2007); por exemplo, se o tratamento for iniciado após o diagnóstico de SIDA, a esperança de vida é de 10 a 40 anos (Vogel *et al.*, 2007; Knoll *et al.*, 2007). Metade dos bebés nascidos com VIH morre antes dos dois anos de idade sem tratamento (UNAIDS, 2011).

As principais causas de morte por VIH/SIDA são as infecções oportunistas e o cancro, ambos frequentemente resultantes de uma falha progressiva do sistema imunitário (Smith e Blaine, 2008; Cheung *et al.*, 2005). O risco de cancro parece aumentar quando a contagem de CD4 desce abaixo de 500/^1 (Vogel *et al.*, 2010). A taxa de progressão da doença clínica varia muito entre os indivíduos e demonstrou ser afetada por uma série de factores, como a suscetibilidade e a função imunitária de uma pessoa (Tang e Kaslow, 2003), o seu acesso aos cuidados de saúde e a presença de co-infeção (Morgan *et al.*, 2002; Lawn, 2004), bem como a estirpe (ou estirpes) específica do vírus envolvido (Campbell *et al.*, 2004; Campbell *et al.*, 2005). A co-infeção com tuberculose é uma das principais causas de doença e morte nas pessoas com VIH/SIDA, estando presente num terço de todas as pessoas infectadas pelo VIH e resultando em 25% das mortes relacionadas com o VIH (OMS, 2012).

O VIH é também o fator de risco mais importante para a tuberculose (OMS, 2011). A hepatite C é outra co-infeção muito comum, em que cada doença aumenta a progressão da outra (Raphael *et al.*, 2011). Os dois cancros mais comuns associados ao VIH/SIDA são o sarcoma de Kaposis e o linfoma não-Hodgkins relacionado com a SIDA (Cheung *et al.*, 2005). Mesmo com o tratamento antirretroviral, a longo prazo as pessoas infectadas pelo VIH podem sofrer de perturbações neurocognitivas (Woods *et al.*, 2009); osteoporose (Brown e Qaquish, 2006), neuropatia (Nicholars *et al.*, 2007), cancro (Boshoff e Weiss, 2002, Yarchoan *et al.*, 2005), nefropatia (Post e Holt, 2009) e doenças cardiovasculares (Burgoyne e Tan, 2008). Não é claro se estas doenças resultam da própria infeção pelo VIH ou se são efeitos adversos do tratamento.

CAPÍTULO 5
SOCIEDADE E CULTURA

5.1 Estigma

O estigma da SIDA existe em todo o mundo de várias formas, incluindo o ostracismo, a rejeição, a discriminação e o evitar de pessoas infectadas pelo VIH; testes obrigatórios de VIH sem consentimento prévio ou proteção da confidencialidade; violência contra indivíduos infectados pelo VIH ou pessoas que se consideram infectadas pelo VIH; e a quarentena de indivíduos infectados pelo VIH (UNAID, 2006). Estigma - a violência relacionada com o estigma ou o medo da violência impede que muitas pessoas procurem fazer o teste do VIH, regressem para ver os resultados ou assegurem o tratamento, transformando possivelmente o que poderia ser uma doença crónica controlável numa sentença de morte e perpetuando a propagação do VIH (Ogden e Nyblade, 2005).

O estigma da SIDA foi ainda dividido nas três categorias seguintes:

5.1.1 Estigma instrumental da SIDA

Um reflexo do medo e da apreensão que podem estar associados a qualquer doença mortal e transmissível (Herek e Capitanio, 1999).

5.1.2 Estigma simbólico da SIDA

A utilização do VIH/SIDA para expressar atitudes em relação a grupos sociais ou estilos de vida considerados associados à doença (Herek e Capitanio, 1999).

5.1.3 Cortesia Estigma da SIDA

Estigmatização de pessoas ligadas à questão do VIH/SIDA ou de pessoas seropositivas (Snyder, 1999).

Muitas vezes, o estigma da SIDA é expresso em conjunto com um ou mais estigmas, particularmente os associados à homossexualidade, bissexualidade, promiscuidade, prostituição e consumo de drogas por via intravenosa (Sharma, 2002).

Em muitos países desenvolvidos, existe uma associação entre a SIDA e a homossexualidade ou bissexualidade, e esta associação está correlacionada com níveis mais elevados de preconceito sexual, tais como atitudes anti-homossexuais/bissexuais (Herek *et al.,* 2002). Existe também uma associação percebida entre a SIDA e todos os comportamentos sexuais masculinos, incluindo o sexo entre homens não infectados (Herek e

Capitanio, 1999). No entanto, o modo dominante de propagação do VIH a nível mundial continua a ser a transmissão heterossexual (De, 2012).

5.2 Impacto económico do VIH/SIDA

O VIH/SIDA afecta a economia tanto dos indivíduos como dos países (Mandell *et al.,*

2010). O produto interno bruto dos países mais afectados diminuiu devido à falta de capital humano (Mandell *et al.*, 2010; Bell *et al.*, 2003). Sem nutrição, cuidados de saúde e medicamentos adequados, um grande número de pessoas morre de complicações relacionadas com a SIDA. Para além de não poderem trabalhar, estas pessoas necessitam de cuidados médicos significativos. Estima-se que, em 2007, havia 12 milhões de órfãos da SIDA (Mandell *et al.*, 2010). Muitos são cuidados por avós idosos (Greener, 2002).

Ao afetar principalmente os jovens adultos, a SIDA reduz a população tributável, o que, por sua vez, reduz os recursos disponíveis para as despesas públicas, tais como a educação e os serviços de saúde relacionados com a SIDA, resultando numa pressão crescente sobre as finanças do Estado e num crescimento mais lento da economia. Isto resulta num crescimento mais lento da base fiscal, um efeito que é reforçado se houver um aumento das despesas com o tratamento dos doentes, a formação (para substituir os trabalhadores doentes), o subsídio de doença e a assistência aos órfãos da SIDA. Isto é especialmente verdade se o aumento acentuado da mortalidade adulta transferir a responsabilidade e a culpa da família para o governo no tratamento destes órfãos (Greener, 2002).

A nível do agregado familiar, a SIDA resulta não só na perda de rendimentos mas também no aumento das despesas com cuidados de saúde. Um estudo realizado na Costa do Marfim mostrou que os agregados familiares com um doente com VIH/SIDA gastavam duas vezes mais em despesas médicas do que os outros agregados familiares. Esta despesa adicional também deixa menos rendimento para gastar em educação e noutros investimentos pessoais ou familiares (Over, 1992).

5.3 Religião e SIDA

O tema da religião e da SIDA tornou-se altamente controverso nos últimos vinte anos, principalmente porque algumas autoridades religiosas declararam publicamente a sua oposição à utilização de preservativos (Mandal, 2011; Kerr, 2011). A abordagem religiosa para prevenir a propagação da SIDA, de acordo com um relatório do especialista em saúde americano Mathew Harley intitulado "A Igreja Católica e a crise global da SIDA", defende que são necessárias mudanças culturais, incluindo uma nova ênfase na fidelidade dentro do casamento e na abstinência sexual fora dele (Kerr, 2011).

Algumas organizações religiosas afirmam que a oração pode curar o VIH/SIDA. Em 2011, a BBC noticiou que algumas igrejas em Londres afirmavam que a oração poderia curar a SIDA, e o Centro para o estudo da saúde sexual e do VIH, sediado em Hackney, informou que várias pessoas deixaram de tomar a medicação, por vezes por conselho direto do seu pastor, o que levou a uma série de mortes (Dangerfield, 2011). A igreja sinagoga de todas as nações anuncia uma "água da unção" para promover a cura de Deus, embora o grupo negue aconselhar as pessoas a deixarem de tomar a medicação (Dangerfield, 2011).

5.4 Retrato dos media

nd Um dos primeiros casos de SIDA de grande visibilidade foi o do americano Rock Hudson, um ator homossexual que tinha sido casado e divorciado no início da vida, que morreu em 2 de outubro de 1985, depois de ter anunciado que sofria do vírus em 25 de julho desse ano. A doença tinha-lhe sido diagnosticada em 1984 (History.com, 2011). Uma notável vítima britânica da SIDA nesse ano foi Nicholas Eden, um político homossexual e filho do Primeiro-Ministro Anthony Eden (Coleman, 2007).

Em 24 de novembro de 1991, o vírus ceifou a vida da estrela de rock britânica Freddie Mercury, vocalista da banda Queen, que morreu de uma doença relacionada com a SIDA, tendo o diagnóstico sido revelado apenas no dia anterior (BBC News, 1991). No entanto, ele tinha sido diagnosticado como seropositivo em 1987 (Nndb.com, 2011).

Um dos primeiros casos heterossexuais de alto perfil de vírus foi Arthur Ashe, o tenista americano. Foi diagnosticado como seropositivo em 31st de agosto de 1988, tendo contraído o vírus através de transfusões de sangue durante uma cirurgia cardíaca efectuada no início da década de 1980. Outros testes realizados nas 24 horas seguintes ao diagnóstico inicial revelaram que Ashe tinha SIDA, mas só em abril de 1992 é que ele contou ao público o seu diagnóstico (Bliss, 2012). Morreu, com 49 anos, em consequência disso, a 6 de fevereiro de 1993 (The Independent, 2012).

A fotografia de Therese Frare do ativista gay David Kirby, enquanto este morria de SIDA e estava rodeado pela família, é a imagem "mais poderosamente identificada com a epidemia de VIH/SIDA". A fotografia foi exibida na revista Life, foi a vencedora do prémio mundial de fotografia de imprensa e adquiriu notoriedade mundial depois de ter sido processada numa campanha publicitária da United colors of Benetton em 1992 (Cosgrove, 2012). A morte de Andy Lippincott devido à SIDA na banda desenhada Doonesbury, em 24 de maio de 1990, foi publicada na página do obituário do San Francisco Chronicle, e Andy também recebeu um quadrado no memorial Quit dos NAMES Projects AIDS (Heintjes, 1999).

5.5 Negação, conspirações e equívocos

Um pequeno grupo de indivíduos continua a contestar a ligação entre o VIH e a SIDA (Duesberg, 1988), a existência do próprio VIH ou a validade dos métodos de despistagem e tratamento do VIH (Kalichman, 2009; Smith e Novella, 2007). Estas afirmações, conhecidas como negacionismo da SIDA, foram examinadas e rejeitadas pela comunidade científica (Various, 2010).

No entanto, tiveram um impacto político significativo, em particular na África do Sul, onde os funcionários do governo que abraçaram o negacionismo da SIDA (19992005) foram responsáveis pela sua resposta ineficaz à epidemia de SIDA naquele país, tendo sido responsabilizados por centenas de milhares de mortes evitáveis e infecções por VIH (Watson, 2006; Baleta, 2003; Cohen, 2000). A operação INFEKTION foi uma operação de medidas activas soviéticas a nível mundial para difundir a informação de que os Estados Unidos tinham criado o VIH/SIDA. Os inquéritos mostram que um número significativo de pessoas acreditou - e continua a acreditar - nessas afirmações (Thomas, 2009).

Há muitas ideias erradas sobre o VIH e a SIDA. Três das mais comuns são que a SIDA se pode propagar através de contacto casual, que as relações sexuais com uma virgem curam a SIDA e que o VIH só pode infetar homens homossexuais e consumidores de drogas. Outros equívocos são que qualquer ato de sexo anal entre dois homens homossexuais infectados pode levar à infeção pelo VIH, e que a discussão aberta da homossexualidade e do VIH nas escolas levará a um aumento das taxas de homossexualidade e SIDA (Blechner, 1997; Kirby *et al.,* 2007).

5.6 Investigação sobre o VIH/SIDA

A investigação para melhorar os tratamentos actuais inclui a diminuição dos efeitos secundários dos medicamentos actuais, o fornecimento de regimes de medicamentos para melhorar a adesão e a determinação de uma melhor sequência de regimes para gerir a resistência aos medicamentos. No entanto, pensa-se que só uma vacina poderá travar a pandemia. Isto porque uma vacina custaria menos, sendo assim acessível aos países em desenvolvimento, e não exigiria tratamento diário (Ferrantelli, 2004). No entanto, passados mais de 20 anos, o VIH-1 continua a ser um alvo difícil para a vacina (Ferrantelli, 2004; Karlsson, 2008) e ainda não existe cura.

5.6.1 Transplante de células estaminais

Em 2007, Timothy Ray Brown, (Belfast, 2010) um homem seropositivo de 40 anos, também conhecido como "o doente de Berlim", recebeu um transplante de células estaminais como parte do seu tratamento para a leucemia mieloide aguda (LMA) (Allers *et al.,* 2011). Um segundo transplante foi efectuado um ano mais tarde, após uma recaída. A porta foi escolhida não só pela compatibilidade genética, mas também por ser homozigótica para uma mutação CCR5 - A32 que confere resistência à infeção pelo VIH (Mark, 2008; Hutter *et al.,* 2009). Após 20 meses sem tratamento com medicamentos anti-retrovirais, foi relatado que os níveis de VIH no sangue, medula óssea e intestino de Brown estavam abaixo do limite de deteção (Hutter *et al.*, 2009). O vírus permanece oculto nos tecidos (Levy, 2009), como o cérebro (que actua como reservatório viral) (Nath e Clement, 2011). O tratamento com células estaminais continua a ser experimental devido à sua natureza anedótica, ao risco de doença e mortalidade associado aos transplantes de células estaminais e à dificuldade de encontrar dadores adequados (Levy, 2009; Lunzen *et al.*, 2011).

5.6.2 Agentes imunomoduladores

Complementando os esforços para controlar a replicação viral, foram exploradas terapias imunitárias que podem ajudar na recuperação do sistema imunitário em ensaios anteriores e em curso, incluindo a IL-2 e a IL-7 (Tincati *et al.*, 2009). A incapacidade de as vacinas candidatas protegerem contra a infeção pelo VIH e a progressão para a SIDA levou a uma nova concentração nos mecanismos biológicos responsáveis pela latência do VIH. Um período limitado de terapia que combine antirretrovirais com medicamentos que visem o reservatório latente poderá um dia permitir a erradicação total da infeção pelo VIH (Bowman *et al.*, 2009). Os investigadores descobriram uma abzima que pode destruir o local de ligação da proteína gp120 CD4. Esta proteína é comum a todas as variantes do VIH, pois é o ponto de ligação aos linfócitos B e o consequente comprometimento do sistema imunitário (Planque *et al.*, 2008).

REFERÊNCIAS

Associação Americana para o Avanço das Ciências (2006): Making Headway under Hellacious circumstances. http://www.sciencemag.org.

Health-Solutions (2010): SIDA: Medline plus. http://www.nlm.nih.gov/medineplus/ency/article/000594.htm.

Altman, L.K. (1982): New Homosexual disorder worries Health Officials" [Novo distúrbio homossexual preocupa as autoridades de saúde]. The New York Times. (Edição dos EUA) Pg 1-2. NYTimes.com. http://:www.nytimes.com/1982/05/11/science/new-homosexual-disorder-worries.health-officials.html.

Aldrich, R e Wother, S. (2001): Who's who in Gay and Lesbian History? London: *Routledge*. Vol. 2. Pg. 154. http://:www.questia.com/pm.

Alder, M.W. (2001): ABC da SIDA. 5th edition. Londres: Fish Books.

Alimonti, J.B., Ball, T.B. e Fowke, K.R. (2003): Mechanisms of $CD4^+$ T lymphocyte cell death in human immunodeficiency virus infection and AIDS. *J.Gen. Virol.* 84 (7): 1649 - 1661.

Allers, K., Hutter, G., Hofmann, J., Lododenkemper, C., Rieger, K., Thiel, K., et al. (2011): Evidência para a cura da infeção pelo VIH através do transplante de células estaminais CCRSA32/A32. *Blood* 117(10): 2791-9.

Anderson, J. (2012). As mulheres e o VIH: A maternidade e muito mais. *Opinião atual em doenças infecciosas* 25 (1): 58 - 65.

Anglemyer, A., Rutherford, G.W., Baggaley, R.C., Egger, M. e Siegfried, N. (2011). Terapia antirretroviral para a prevenção da transmissão do VIH em casais serodiscordantes. *Base de dados Cochrane de revisões sistemáticas* (online) (8): CD009153.

Appay, V. e Sauce, D. (2008): Ativação imunitária e inflamação na infeção pelo VIH -

1: causas e consequências. *J. Pathol.* 214 (2): 2131 - 41.

Arie, J. Zuckerman *et al* (2007): Principles and practice of clinical virology. 6th edition. Hoboken, N.J: Wiley. Pg. 905.

Antiretroviral Therapy Cohort Collaboration (2008): Expectativa de vida de indivíduos em terapia antirretroviral combinada em países de alto rendimento: uma análise colaborativa de 14 estudos de coorte. *Lancet* 372 (9635): 293 - 9.

Baggaley, R.F., Boily, M.C., White, R.G. e Alary, M. (2006): Risk of HIV - 1 transmission for parenteral exposure and blood transfusion: a systematic review and meta-analysis. *AID* (Londres, Inglaterra) 20 (6): 805 - 12.

Baleta, A. (2003): S. Africa's AIDS activities accuse government of murders. *Lancet* 361 (9363): 1105

Batista, M. e Ramalho - Santos, J. (2009): Espermicidas, microbicidas e agentes antivirais: avanços recentes no desenvolvimento de novos compostos multi-funcionais. *Mini revisões em química medicinal* 9 (13): 1556 - 67.

Barbaro, G. e Barbarini, G. (2011): Vírus da Imunodeficiência Humana e risco cardiovascular. *The Indian Journal of Medical Research* 134 (6): 898 - 903.

Barre-Sinoussi, F., chermann, J., Rey, F., Neugeyre, M., *et al.* (1983): Isolamento de um retrovírus linfotrópico T de um paciente em risco de síndrome de imunodeficiência adquirida (SIDA). *Science* 220 (4599): 868- 871.

Basavapathruni, A. e Anderson, K.S (2007): Reverse transcription of the HIV-1 Pandemic (Transcrição reversa da pandemia de HIV-1). *The FASEB journal* 21(14):3795-3808.

BBC News (1991): Morre o gigante do rock. BBC on This Day (BBC News). http://news.bbc.co.uk/onthisday.

Dangerfield, A (2011): Igreja diz que cura para o VIH causa três mortes. BBC News. http://www.bbc.co.uk/news/uk-england-london-14406818.

Beard, J., Feeley, F. e Rosen, S. (2009): Economic and quality of life outcomes of antiretroviral therapy for HIV/AIDS in developing countries: a systematic literature reviews. *AIDS Care* 21 (11): 1343 - 56.

Belfast, T. (2010): Doente alemão com VIH curado após transplante de células estaminais. Belfast Telegraph. http://en.wikipedia.org/wiki/Belfast-Telegrah.

Bell, C., Devarajan, S. e Gersbach, H. (2003): The Long - run Economic Cost of AIDS: Theory and an Application to South Africa. *Documento de trabalho de investigação política do Banco Mundial* n.º 3152.

Berlim, U.A. (2001): Radiologia da SIDA. Springer Pg. 19. http://books.google.ca/books.

Beyrer, C., Baral, S.D., Van Griensven, F., Goddreau, S.M., Chariyalertsak, S., Wirtz, A.L. e Brookmeyer, R. (2012): Global epidemiology of HIV infection in men who have sex with men [Epidemiologia global da infeção pelo VIH em homens que praticam sexo com homens]. *Lancet* 380 (9839): 367 - 77.

Blankson, J.N. (2010): Controlo da replicação do VIH - 1 em supressores de elite. *Medicina de descoberta* 9 (46): 261 - 6.

Blechner, M. J. (1997): Hope and mortality: Psychdynamic approaches to AIDS and HIV Hillsdale, N. J: Analytic press. http://en.wikipedia.org/wiki/special:Booksources10- 88163-223-6.

Bliss, D. (2012): Frozen in Time: Arthur Ashe. Store.Com/Tennis. http://www.itennisstore.com/Tennis-Latest-News/.

Boily, M.C., Baggaley, R.F., Wang, L., Masse, B., White, R.G., Hayes, R.J. e Alary, M. (2009): Heterosexual risk of HIV - 1 infection per sexual act revisão sistémica e meta-análise de estudos observacionais. *The lancet infectious diseases* 9 (2): 118 - 29.

Boshoff, C. e Weiss, R. (2002): AIDS-related malignancies, *Nat. Rev. cancro* 2(5):373-382.

Bowman, M. C., Archin, N.M. e Margolis, D. M. (2009): as abordagens farmacêuticas para a erradicação da infeção persistente pelo VIH. *Revisões especializadas em medicina molecular* 11(e6): e6.

Brenchley, J.M., Schacker, T.W., Ruff, L.E., Price, D.A., Taylor, J.H., Beilman, G.J. *et al.* (2004): CD4+ A depleção de células T durante todas as fases da doença do VIH ocorre predominantemente no trato gastrointestinal. *J. Exp. Med.* 200 (6): 749 - 59.

Brenchley, J.M., Price, D.A., Schacker, T.W., Asher, T.E., Silverstri, G., Rao, S. *et al.* (2006): A translocação microbiana é uma causa de ativação imunitária sistémica na infeção crónica pelo VIH. *Nat. Med.* 12 (12): 1365 - 71.

Brown, T. e Qaqish, R. (2006): Antiretroviral therapy and the prevalence of Osteoporosis: a meta- analytic review. *SIDA* (Londres, Inglaterra) 20 (17): 2165 - 2174.

Burgoyne, R.W. e Tan, D.H. (2008): Prolongamento e qualidade de vida para adultos infectados pelo VIH tratados com terapia antirretroviral altamente ativa (HAART): um ato de equilíbrio. *J. Antimicrob. Chemother.* 61 (3): 469 - 73.

Centro de Controlo de Doenças (1981): Update on acquired immune deficiency syndrome (AIDS) United States. *MMWR Morb Mortal wkly Rep.* 31 (37): 507 - 508.

Centro de Controlo de Doenças (2003): O VIH e a sua transmissão. http://www.cdc.gov/hiv/topics/basic/.

Campbell, G.R., Pasquier, E., Watkins, J. *et al.* (2004): A região rica em glutamina da proteína Tat do VIH - 1 está envolvida na apoptose das células T. *J. Biol. Chem.* 279 (46): 48197 - 48204.

Campbell, G.R., Watkins, J.D., Esquieu, D., Pasquier, E., Loret, E.P. e Spector, S.A. (2005): O Cterminus do HIV - 1 Tat modula a extensão da apoptose mediada por CD 178 das células T. *J. Biol. Chem.* 279 (46). 48197 - 48204.

Centro de Controlo de Doenças (1982): Persistência, linfadenopatia generalizada entre homens homossexuais. *MMWR morb Mortal Wkly Rep.* 31(19): 249-251.

Centro de Controlo de Doenças (2012): Informações básicas sobre o VIH e a SIDA. http://www.cdc.gov/hiv/topics/basic.

Celum, C. e Baeten, J.M. (2012): Profilaxia pré-exposição baseada no tenofovir para a prevenção do VIH: provas em evolução. *Opinião atual em doenças infecciosas* 25 (1): 51 - 7.

Chatterjee, C., Bauer, C., Ram, R., Ohar, G., Sandhukukhan, S. e Dan, A. (2001): A study of awareness of Aids among school students and teachers of higher secondary schools in north Calcutta. *Indian Journal of Public Health* 45 (1): 27 - 30.

Cheung, M.C., Pantanowitz, L. e Dezube, B.J. (2005): Doenças malignas relacionadas com a SIDA: desafios emergentes na era da terapia antirretroviral altamente ativa. *The Oncologist* 10 (6): 412 - 26.

Chitrus, A., Rawls, D. e Moore, J. (2000): Origin of HIV Type 1 in Colonial French Equatorial Africa? *Investigação sobre SIDA e Retrovírus Humanos* 16 (1): 5 - 8.

Chu, C. e Selwyn, P.A. (2011): Complicações da infeção pelo VIH: uma abordagem baseada no sistema. *American Family Physician* 83 (4): 395 - 406.

Cohen, J. (2000): A nova energia da África do Sul Science 288 (5474): 2168-70.

Cohen, M.S., Hellmann, N., Levy, J.A., Decock, K, e large, J. (2008): The spread, treatment, and prevention of HIV-1: evolution of a global pandemic. *The journal of Clinical Investigation* 118(4): 1244-54.

Coleman, B. (2007): Thatcher the gay Icon". New statesman. http://www.newstateman.com.

Cosgrove, B. (1012): Behind the picture: A fotografia que mudou a face da SIDA. Revista Life. http://www.lifemagazine.com.

Coutsoudis, A., Kwaan, L. e Thomson, M. (2010): Prevenção da transmissão vertical do VIH - 1 em contextos de recursos limitados. *Revisão especializada da terapia anti-infecciosa* 8 (10): 1163 - 75.

Crans, J. W (2010): Por que os mosquitos não podem transmitir a SIDA (vírus HIV). Rci Rutgers.edu. Rutgers Cooperation Extension fact sheet # FS 736. http://www.rci.rutgers.edu/insect/aids.htm.

Crosby, R. e Bounse, S. (2012): Condom effectiveness: where are we now? *Saúde sexual* 9 (1): 10 - 7.

De Cock, K.M., Joffe, H.W. e Curran, J. W. (2012): The Evolving Epidemiology of HIV/AIDS. *SIDA* (Londres, Inglaterra) 26 (10): 1205 - 13.

Departamento de Saúde e Serviços Humanos (2007): Treating opportunistic infections among HIV-infected adults and adolescents. http://en.wikipedia.org/wiki/united States - Department- of - health- and- Human- services.

Donald, G. e McNeil, Jr. (2010): O precursor do VIH esteve nos macacos durante milénios. New York Times. http://en.wikipedia.org/wiki/News-york-Times.

Dosekun, O. e Fox, J. (2010): An overview of the relative risks of different sexual behaviors on HIV transmission (Uma visão geral dos riscos relativos de diferentes comportamentos sexuais na transmissão do VIH). *Current opinion* in HIV and AIDS 5 (4): 291 - 7.

Droughon, J.E e Sheridan, D.J. (2012): Profilaxia pós-exposição não ocupacional após agressão sexual em países industrializados de baixa prevalência de VIH: uma revisão. *Psicologia, saúde e medicina* 17 (2): 235 - 54.

Duesberg, P.H. (1988): O VIH não é a causa da SIDA ciência 241 (4865): 514,517.

Eaton, L. e Kalichman, S. (2009): Aspeto comportamental da circuncisão masculina para a prevenção da infeção pelo VIH. *Current HIV/AIDS reports* 6 (4): 187 187 - 93.

Eaton, L.A. e Kalichman, S. (2007): Risk compensation in HIV prevention: implications for vaccines, micro biocides, and other biomedical HIV prevention technologies. *Curr. HIV/AIDSRep* 4 (4): 165 - 72.

Elliott, T. (2012): Notas de aula: Microbiologia Médica e Infeção. John Wiley and Sons.

P. 273. ISBN 978-1-188-37226-5. http://books.google.ca/books.

Evian, C. (2006): Primary HIV/AIDS care: a practical guide for primary health care personnel in a clinical and supportive. Houghton (África do Sul): Jacana. Pg 29. ISBN 978-177009-198-6.

Ferrantelli, F., Cafaro, A, e Ensoli, B. (2004): Nonstructural HIV proteins as targets for prophylactic or therapeutic vaccine, *Curr. Opin. Biotechnol.* 15(6): 543-56.

Forrester, J.E. e Sztam, K.A. (2011): Micronutrientes no VIH/SIDA: existem provas para alterar as recomendações da OMS de 2003? *The American Journal of Clinical Nutrition* 94 (6): 16835 - 16895.

Friedman-Kien, A.E. (1981): Síndrome do sarcoma de kaposis disseminado num jovem homossexual. *J. Am. Acad. Dermatol.* 5(4): 468-71.

Gallo, M.F., Kilbourne - Brook, M. e Coffey P.S. (2012): Uma revisão da eficácia e aceitabilidade do preservativo feminino para dupla proteção. *Saúde sexual* 9 (1): 18 - 26.

Gallo, R.C. (2006): Uma reflexão sobre a investigação do VIH/SIDA após 25 anos. *Retrovirologia* 3: 72.

Gallo, R.C., P.S, Sarin, Gelmann, E.P., Robert - Guroff, M., Richardson, E., Kalyanaraman, V.S. *et al.,* (1983): Isolamento do vírus da leucemia de células T humanas na síndrome da imunodeficiência adquirida (SIDA). *Science* 220 (4599): 865 - 867.

Gao, F., Bailes, E. e Robertson, D.L. *et al.,* (1999): Origin of HIV - 1 in the Chinpanzee Pantroglodytes Troglodytes. *Nature* 397 (6718): 436 - 41.

Gilbert, P.B. (2003): Comparação da infecciosidade do VIH - 1 e do VIH - 2 num estudo de coorte prospetivo no Senegal. *Statistics in Medicine* 22 (4): 573 - 593.

Goodier, J. e Kazazian, H. (2008): Retrotransposons Revisited: The Restraint and Rehabitation of Parasites. *cell* 136 (1): 23 - 35.

Gottieb, M.S. (2006): Pneumonia por Pneumocystis - Los Angeles. *Am. J. public Health* 96(6): 980-1.

Greener, R. (2002): SIDA e Impacto Macroeconómico. Em S. Forsyth (ed). State of the Arts. *Economia da SIDA. IAEN.* Pg. 49 - 55.

Gilbert, M.T.P., Rambaut, A., Wlasiuk, G., Spira, T. J., Pitchenik, A.E. e Worobey. M. (2007): The Emergence of HIV/AIDS in the Americas and beyond. *PNAS* 104 (47): 18566 - 18566.

Guss, D.A. (1994): The acquired immune deficiency syndrome: an overview for the emergency physician, part 1. *J. Emerg. Med.* 12 (3): 375 - 84.

Heintjes, T (1999): Big Deals: Comics Highest-profile moments. Hogan's Alley # 7. http//cartoon-ician.com/big-deals-comics-highest-profile-moments.

Herek, G.M. e Capitani O, J.P. (1999): AIDS Stigma and Sexual Prejudice. *American Behavioral Scientists* 42 (7): 1130 - 1147.

Herek, G.M., Capitanio, J.P. e Widaman, K.F. (2002): HIV - Related Stigma and Knowledge in the United States: Prevalence and Trends, 1991 - 1999. *American Journal of Public Health 92 (3): 371 - 7.*

History.Com (2011): Rock Hudson anuncia que tem SIDA. History.Com. Este Dia na História - 7125/1985. http://www.history.com.

Holmes, C.B., Losina, E., Walensky, R.P., Yazdanpanah, Y. e Freedberg, K.A. (2003): Review of human immunodeficiency virus type - 1 related opportunistic infections in Sub-saharan Africa. *Clin. Infect. Dis.* 36 (5): 656 - 662.

Horvath, T., Madi, B.C., Luppa, I.M., Kennedy, G.E., Rutherford, G. e Read, J.S. (2009): Interventions for preventing late postnatalmother-to-child transmission of HIV. Base de dados Conchrane de revisões sistemáticas (online) (1): CD 006734. http://onlinelibrary.wiley.com/.

Huang, L., Cattamanchi, A., Davis, J.L., den Boon, S., Kovacs, J., Meshnick, S., *et al.*

(2011): HIV - pneumonia por pneumocystis associada. *Actas da American Thoracic society* 8 (3): 294 - 300.

Hutter, G., Nowak, D., Mossner, M., Ganepola, S., Aller, K. e Scheider, T., et al. (2009): Long-Term control of HIV by CCRS Delta 32/Delta 32 stem-cell Transplantation (Controlo a longo prazo do VIH através do transplante de células estaminais CCRS Delta 32/Delta 32). *N. Engl. J Med* 360 (7): 692-698.

Hymes, K.B., Cheung, T., Green, J.B *et al.* (1981): Kaposis sarcoma in homosexual men - a report of eight cases. *Lancet* 2(8247): 598-600.

Comité Internacional de Taxonomia de Vírus (2002): Lentivirus. *National Institutes of Health.* http://en-wikipedia.org/wiki/ comité internacional de taxonomia de vírus. http://ictvonline.org/

Irlam, J.H., Visser, M.M., Rollins, N.N. e Siegfried, N. (2010): Suplementação de micronutrientes em crianças e adultos com infeção pelo VIH. *Base de dados Cochrane de revisões sistemáticas* (online) (12): CD003650.

Programa Conjunto das Nações Unidas sobre o VIH/SIDA (2006): HIV -related stigma, discrimination and human rights violations. Genebra: ONUSIDA. http://www.unaids.org/en/resources/presscentre/featurestories/2012/may/20120518vaccinesday/

Programa Conjunto das Nações Unidas sobre o VIH/SIDA (2010): Global report fact sheet. Pg. 1 - 10.

Programa Conjunto das Nações Unidas sobre o VIH/SIDA (2011): Folha de factos do relatório global. Pg. 1 - 10.

Programa Conjunto das Nações Unidas sobre o VIH/SIDA (2012): A procura de uma vacina contra o VIH. http://www.unaids.org/en/resources/presscentre/featurestories/2012/may/20120518vaccinesday/

Julio, A. (2011): Controlo das respostas imunitárias inatas e adaptativas durante as doenças infecciosas. Nova Iorque, N.Y. Springer Verlag Pg. 145.

Kalichman, C. S. (2009): Denying AIDS: Conspiracy theories, pseudoscience, and Human Tragedy [Teorias da conspiração, pseudociência e tragédia humana]. Newyork Copernicus Books. (Springersciencemedia). ISBN 978-0-38779475-4. http://books.google.com.ng.

Kalish, M.L., Wolfe, N.D. Ndongmo, C.D., McNicholl, J., Robbins, K.E. *et al.,* (2005): África Central. Caçadores expostos ao vírus da imunodeficiência símia. *Emerg. Infect Dis* 11 (2): 1928 - 30.

Kallings, L.O. (2008): A primeira pandemia pós-moderna: 25 anos de VIH/SIDA. *J. Intern. Med.* 263 (3): 218 - 43.

Karlsson, H.G. B., fouchier, R.A., Phogat, S., Burton, D. R., Sodroski, J., e Wyatt. R. T. (2008): The challenges of eliciting neutralizing antibodies to HIV-1 and to influenza virus. *Nat. Rev. Microbiol.* 6(2): 142-55.

Keele, B.F., Van Heuverswyn, F., Li, Y.Y., Bailes, E., Takehisa, J., Sanitiago, M.O. *et al.,* (2006): Chimpanzee Reservoirs of Pandemic and Non Pandemic HIV - 1. *Science* 313 (5786): 523 - 6.

Kellerman, S. e Essajee, S. (2010): Testes de VIH para crianças em contextos de recursos limitados: de que estamos à espera? *Plosmedicine* 7 (7): e1000285.

Kerr, D (2011): Trinta anos após a descoberta da SIDA, cresce o apreço pela abordagem católica. Catholicnewsagency.Com. http://www.catholicnewsagency.com/news.

Kher, U. (1982): A name for the Plague.Time. http://:time.com/time/specials/paccjages/0,28757,1977881,00html.

Kim, H.H., Li, P.S. e Goldstein, M. (2010): Male circumcision: Em África e mais além? *Opinião atual em urologia* 20 (6): 515 - 9.

Kirby, D. B., Laries, B. A. e Rolleri, L.A. (2007): Sex and HIV education programs:

their impact on sexual behaviors of young people throughout the world. *J. Adolesc. Health* 40(3): 206-17.

Klimas, N., Koneru, A.O., e Fletcher, M.A. (2008): Overview of HIV. *Psychosomatic Medicine* 70 (5): 523 - 30.

Knoll, B., Lassmann, B. e Temesgeniz (2007): Situação atual da infeção pelo VIH: uma análise para médicos que não tratam o VIH. *Int. J. Dermatol* 42 (12): 1219 - 28.

Kolata, G. (1987): Boys 1969 Death suggests AIDS Invaded U.S. several times. The New York Times. http://en.wikipedia.org/wiki/New-york-Times.

Kripke, C. (2007): Antiretroviral prophylaxis for occupational exposure to HIV. *American family physician* 76 (3): 375 - 6.

Kurth, A.E., Celum, C., Baeten, J.M., Vermund, S.H. e Wasserheit, J.N. (2011): Prevenção combinada do VIH: Significance, challenges, and opportunities. *Current HIV/AIDS reports* 8 (1): 62 - 72.

Larke, N. (2010): Circuncisão masculina, VIH e infecções sexualmente transmissíveis: uma revisão. *British Journal of Nursing* (MARK Allen Publishing) 19 (10): 629 - 34.

Laurence, J. (2006): Hepatitis A. and B Virus Immunization in HIV-infected persons. *AIDS Reader* 16 (1): 15 - 17.

Lawn, S.D. (2004): AIDS in Africa: the impact of co-infections on the pathogenesis of HIV - 1 infection. *J. Infect. Dis* 48 (1) 1 - 12.

Levy, J. A. (2009): Not an HIV cure, but encouraging New Diretions" [Não é uma cura para o VIH, mas encoraja novas direcções]. *N. Engl. J. Med* 360 (7): 724-725.

Levy, J.A. (1993): HIV pathogenesis and long-term survival. *AIDS* 7 (11): 1401 - 10.

Linden, J.A. (2011): Clinical practice. Cuidados com o adulto após agressão sexual. *The New England Journal of Medicine* 365 (9): 834 - 41.

Littlewood, R.A. e Vanable, P.A. (2008): Complementary and alternative medicine use among HIV - positive people: research synthesis and implications for HIV care.

Cuidados com a SIDA 20 (8): 1002 - 18.

Liu, J.P., Manheimer, E. e Yang, M. (2005): Herbal Medicines for treating HIV infection and AIDS. *Base de dados Cochrane Syst. Rev.* (3): CD003937.

Ljubojevic, S e Lipozencic, J. (2010): Infecções sexualmente transmissíveis e adolescência. *Ata dermatovenerologica croatica: ADC* 18 (4): 305 - 10.

Lunzen, J., fehse, B. e Heuber, J. (2011): Gene therapy strategies: Can We Eradicate HIV? *Current HIV/AIDS Reports* 8(2): 78-84.

Mac Athur, G.J., Minozzi, S., Martin, N., Vickerman, P., Deren, S., Bruneau, J., *et al.* (2012): Tratamento de substituição de opiáceos e transmissão do VIH em pessoas que injectam drogas: revisão sistemática e análise de metais. *BMJ* 345 (3). E5945 - e5945.

Malta, M., Strathelee, S.A., Magnanini, M.M e Basto, F.I. (2008): Adherence to antiretroviral therapy for human immunodeficiency virus/acquired immune deficiency syndrome among drug users: a systematic review. *Addiction* (Abingdon, Inglaterra) 103 (8): 1242 - 57.

Mandell, G.L., Bannett, J.E. e Dolin, R. (2010): Princípios e prática das doenças infecciosas. 7th edition. Philadelphia, PA: Churchill Livingstone/Elsevier. Página 121.

Mandal, A. (2011): Estigma da SIDA. http://www.news-medical. Net.

Marcos, S. (2008): Um médico, uma mutação e uma potencial cura para a SIDA. The street Journal. http://online.wsj .com/article.

Martinez .T. (2010): RNA interferências e vírus: inovações atuais e tendências futuras Norfolk: Caister Academic Press. Pg. 73.

Marshall, C. (2008): Doenças e Distúrbios, 1(25): 25. ISBN 978-0-7. Dados de catalogação na publicação da Biblioteca do Congresso.

Marx, P.A., Alcabes, P.G., e Drucker, E. (2001): Serial Human Injections and the Emergence of Epidemic Human Immunodeficiency Virus in Africa". *Philos. Trans. R.soc LondB Bio Sci* 356 (1410): 911 - 20.

May, M.T. e Ingle, S.M. (2011): Life expectancy of HIV - positive adults: a review. *Saúde sexual* 8 (4): 526 - 33.

Mehandru, S., Poles, M.A., Tenner - Racz, K., Horowitz, A., Hurley, A., Hogan, A., *et al.* (2004): A infeção primária pelo VIH - 1 está associada à depleção preferencial de células T $CD4^+$ de efeito ou locais no trato gastrointestinal. *J. Exp. Med.* 200 (6): 761 - 70.

Mills, E., Wu, P. e Ernst. I. (2005): Complementary therapies for the treatment of HIV: in search of the evidence. *Int. J. STD AIDS* 16 (6): 395 - 403.

Ministério da Educação (2003): Orientações sobre HIV/SIDA para educadores. Lusaka: Ministério da Educação.

Montessori, V., Press, N., Harris, M., Akagi, L. e Montaner, J.S. (2004): Efeitos adversos da terapia antirretroviral para a infeção pelo HIV. *CMaj* 170 (2): 229 - 238).

Morgan, D., Mahe, C., Mayanja, B., Okongo, J.M., Lubega, R. e Whitworth, J.A. (2002): HIV - 1 infection in rural Africa: is there a difference in median time to AIDS and survival compared with that in industrialized countries? *AIDS* 16 (4): 597 - 632.

Morkowitz, W., Rom. N. e Steven, B. (2007): Medicina ambiental e do trabalho. 4th edition. Philadlephia: Wolters Kluwer/Lippincott Williams and Wilkins. P. 745. ISBN 978 - 0-7817- 6299-1.

Nachega, J.B., Marconi, V.C., Van Zyl, G.U., Gardner, E.M., Preiser, W., Hong, S.Y., *et al* (2011): HIV treatment adherence, drug resistance, virologic failure: evolving concepts. *Distúrbios infecciosos alvos de drogas* 11 (2): 167 - 74.

Nath, A e clements, J. E. (2011): Eradication of HIV from the brain: reasons for pause. *SIDA* (Londres, Inglaterra) 25(5): 577-80.

Centro Nacional de Informação Biotecnológica (2012): Exposição ao VIH através do contacto com fluidos corporais. Prescrire Int. 21 (126): 100 - 1, 103 - 5.

Serviços Nacionais de Saúde (2011): Vai precisar de uma transfusão de sangue?

Informação do paciente do NHS. http://hospital.blood.co.uk/

Ng, B.E., Butler, L.M., Horvath, T. e Rutherford, G.W. (2011): Population - based biomedical sexually transmitted infection control interventions for reducing HIV infection. *Base de dados Cochrane de revisões sistemáticas* (online) (3): CD 001220.

Nicholars, P.K., kemppainen, J. k. and Canaval, G.E *et al.* (2007): symptom management and self-care for peripheral neutropathy in HIV/AIDS. AIDS care 19(2): 179-89.

Nndb.Com. (2011): Freddie mercury. http://nndb.Com/people.

Ogden, J. e Nyblade L. (2005): Common at its Core. HIV - Related Stigma across Context.

Centro Internacional de Investigação sobre as Mulheres.

http://en.wikipedia.org/wiki/international centro de investigação sobre as mulheres.

Orrell, C. (2005): Antiretroviral adherence in a resource poor setting. *Current HIV/AIDS reports* 2 (4): 171 - 6.

Orsi, F. e d'almeida, C. (2010): Soaring antiretroviral prices, Trips and Trips Flexibilities: a burning issue for antiretroviral treatment scale - up in developing countries. *Current opinion in HIV and AIDS* 5 (3): 237 - 41.

Over, M. (1992): The macroeconomic impact of AIDS in sub-Saharan Africa, population and Human Resources Development. *Banco Mundial.* http://web.worldbank.org.

Pantaleo, G., Demarest, J.F., Schacker, T., Vaccarezza, M., Cohen, O.J., Daucher, M., *et al* (1997): A natureza qualitativa da resposta imunitária primária à infeção pelo VIH é um prognosticador da progressão da doença independente do nível inicial de viremia plasmática. *Proc. Natl. Acad. Sci USA* 94 (1): 254 - 258.

Patel, V.L., Yoskowitz, N.A., Kaufman, D.R. e Shortliffe, E.H. (2000): Discerning patterns of human immunodeficiency virus in a healthy young adults (Padrões de discernimento do vírus da imunodeficiência humana em jovens adultos saudáveis). *Am. J. Med.* 121 (4): 758 - 764.

Peltzer, K. (2003): Educação para o VIH/SIDA na África do Sul: Teacher's knowledge about HIV/AIDS and attitudes towards control of HIV/AIDS education. *Social behavior and personality* 31 (4) 349 - 356.

Piatak, M. Jr., Saag, M.S., Yang, L.C., Clark, S.J., Kappers, J.C., Luk, K.C., Hahn, B.H., Shaw, G.M. e Lifson, J.D. (1993): High levels of HIV - 1 in plasma during all stages of infection determined by competitive PCR. *Science* 259 (5102): 1749 - 1754.

Pier, B. G., Lyczac, B. J e Wetzier, M. L. (2004): Immunology, Infection and Immunity. American Society mic series Press, Pg. 550. Washington, D.C. ISBN 978155812461.

Planque, S., Nishiyama, Y., Taguchi, H., Salas, M., Hanson, C. e Paul, S. (2008): Catalytic antibodies to HIV: physiological role and potential clinical utility. *Auto Immun Rev* 7(6): 473-9.

Post, F. e Holt, S. (2009): Recent developments in HIV and the Kidney. *Opinião atual em doenças infecciosas* 22(1): 43-48.

Raphael, R., David, S.S. e Emanuel, R. (2011): Patologia de Robin: Fundamentos clinicopatológicos da medicina (sexto. ed). Philadelphia: Wolters Kluwer Health / Lippincoh Williams and wilkins.p.154.

Reeves, J.D. e Doms, R.W. (2002): Human Immunodeficiency virus type 2. *J. Gen. Virol.* 83 (6): 1253 - 65.

Reid, S.R. (2009): Injection drug use, unsafe medical injections, and HIV in Africa: a systemic review. *Harm reduction journal* 6: 24.

Reynell, L. e Trkola, A. (2012): Vacinas contra o VIH: um objetivo alcançável? *Semanário médico suíço* 142: W13535.

Richard, P. (2010): Oxford handbook of genitourinary medicine, HIV, and sexual health. 2nd edition; Oxford University Press Pg. 95. ISBN 97801995716666.

Sax, P.E. e Boden, L.R. (2009): When to start antiretroviral therapy - ready when you are? *The New England Journal of Medicine* 360 (18): 1897 - 9.

Schneider, E., Whitmore, S., Glynn, K.M., Dominguez, K., Mitsch, A e Makenna, M.T. (2008): Revised surveillance case definitions for HIV infection among adults, adolescents and children aged <18 months and for HIV infection and AIDS among children aged 18 months to <13 years- United States Recommendations and reports: *Relatório semanal de morbilidade e mortalidade/centros de controlo de doenças* 57 (RR - 10). 1 - 12.

Sharp P.M. e Hahn, B.H (2011): Origens do VIH e a pandemia de SIDA. *Perspetiva de Cold Spring Harbor em medicina* 1 (1).

Sepkowitz, K.A. (2001). "SIDA - os primeiros 20 anos". *N. Engl. J. Med.* 344 (23): 1764 - 72.

Sestak, K. (2005): Diarreia crónica e SIDA: uma visão dos estudos com primatas não humanos. *Curr. HIV Res.* 3 (3): 199 - 205.

Shackman, B.R., Gebo, K.A., Walensky, R.P., Losina, E., Muccio, T., Sax, P.E., *et al* (2006). The lifetime cost of current HIV care in the United States. Med Care 44 (11): 990 - 997.

Sharma, K. A (2002): Population and Society. Nova Deli: Concept Pub. Co. Pg. 242. ISBN- 13:978-81-8069-818-7 (HB).

Sharp, P.M., e Halin, B.H. (2011): Origin of HIV and the AIDS Pandemic. Cold Spring Harbor Perspectives in Medicine 1 (1): 0006841.

Sharp, P.M., Bailes, E., Chaudhuri, R.R., Rodenburg, C.M., Santiago, M.O. e Halin, B.H. (2001): The origins of Acquired Immune Deficiency Syndrome Viruses: Onde e quando? *Transação Filosófica da Sociedade Real B: Ciências Biológicas* 356 (1410): 867 - 76.

Siegfried, N., Muller, M., Deeks, J.J. e Volmink, J. (2009): Circuncisão masculina para prevenção da aquisição heterossexual do VIH em homens. *Base de dados Cochrane de revisões sistémicas* (online) (2): CD 003362.

Siegfried, N., Uthman, O.A. e Rutherford, G.W. (2010): Optimal time for initiation of antiretroviral therapy in asymptomatic, HIV - infected treatment - naïve adults. *Base de dados Cochrane de revisões sistemáticas* (online) (3): CD008272. http://onlinelibrary.willey.com.

Siegfried, N., Van der Merwe, L., Brochkehurst, P. e Sint, T.T. (2011): Antiretrovirais para reduzir o risco de transmissão da infeção pelo VIH de mãe para filho. Base de dados Cochrane de revisões sistemáticas (online) (7): CD003510. http://onlinelibrary.willey.com.

Smith, J.A e Blaine, T. (2008): Concepts in immunology and immunotherapeutics. 4th edn. Bathesda, Md: *American Society of Health - System Pharmacists* Pg. 143.

Smith, J.A., Daniel, R. e Thomas, J. (2006): Seguindo o caminho do vírus: a exploração dos mecanismos de reparação do ADN do hospedeiro pelos retrovírus. *ACS Chem. Biol.* 1 (4): 217 - 26.

Smith, T.C. e Novella, S.P. (2007): HIV Denial in the internet Era. *Plos Med.* 4(8): 8256.

Sousa, João D. de., Muller, V., Lemey, P. e Vandamme, A. (2010): High GUD Incidence in the Early 20th century created a particular Permissive time Window for the Origin and Initial Spread of Epidemic HIV Strains. *Plos* ONE 5 (4): e9936.

Sterne, J.A., May, M., Costagliola, D., de Wolf, F., Philips, A.N., Harris, R., *et al* (2009): Timing of initiation of antiretroviral therapy in AIDS - free HIV - 1 - infected patients. a collaborative analysis of 18 cohort studies. *Lancet* 373 (9672): 1352 - 63.

Stone, C.A., Kawai, K., Kupka, R. e Fawzi, W.W. (2010): Role of selenium in HIV infection. *Nutrition Reviews* 68 (11): 671 - 81.

Sturcher, D.A. (2006): Exposure guide to sources of infections. Washington, DC:

American Society mic Series Press Pp. 544.

Synder, M., Omoto, A.M. e Crain, A.L (1999): Punished for their Good deeds. Stigmatization for AIDS Volunteers. *American Behavirural Scientists*. 42 (7): 1175 - 1192.

Tang, J. e Kaslow, R.A. (2003): The impact of host genetics on HIV infection and disease progression in the era of highly active antiretroviral therapy. *SIDA* 17 (fornecimento 4): 551 - 560.

Templeton, D.J., Millet, G.A. e Grulich, M. (2010): A circuncisão masculina para reduzir o risco de VIH e de infecções sexualmente transmissíveis entre homens que praticam sexo com homens. *Opinião atual em doenças infecciosas* 23 (1): 45 - 52.

O Independente (2012): Tributo a Arthur Ashe. http://www.independent. co.Uk/news/tributes-to-arthur-ashe-1471622. html.

Thomas, B. (2009): Os serviços secretos do Bloco Soviético e a sua campanha de desinformação sobre a SIDA. *Operação infektion: Estudos em inteligência* Vol. 53. No. 4.

Thorne, C. e Newell, M.L. (2007): HIV. Seminários em medicina fetal e neonatal 12 (3): 174 - 81.

Tincati, C., d'Arminio; m. e marchetti, G. (2009): Mecanismos imunológicos do tratamento com interleucina-2(1L-2) na doença HIV/SIDA. *Farmacologia molecular atual* 2(1): 40-5.

Tolli, M.V. (2012): Effectiveness of peer education interventions for HIV prevention, adolescent pregnancy and sexual health promotion for young people: a systematic review of European stud ies. *Investigação em educação para a saúde* 27(5): 904-913.

Departamento de Saúde e Serviços Humanos dos Estados Unidos (2010): Stages of HIV. http://www.aids.gov/hiv-aids-basic/prevention/reduce-your-risk/fluids-of-transmission.

Departamento de Saúde e Serviços Humanos dos Estados Unidos (2012): Stages of HIV. http://www.aids.gov.

Underhill, K., Operario, D. e Montgomery, P. (2008): Abstinence - only programs for HIV infection in high - income countries (Programas de abstinência apenas para a infeção pelo VIH em países de elevado rendimento). *Revisões sistemáticas da base de dados Cochrane* (4): CD005421. http://onlinelibrary.wiley.com.

Departamento de Saúde e Serviços Humanos dos Estados Unidos (2009): Painel sobre diretrizes anti-retrovirais para adultos e adolescentes. Guide lines for the use of antiretroviral agents in HIV -1- infected adults and adolescents. USDHHS P. 1. http://aidsinfo.nih.gov/guideslines.

Departamento de Saúde e Serviços Humanos dos Estados Unidos (2012): Fluidos de transmissão. Departamento de Saúde e Serviços Humanos dos Estados Unidos. AIDS.gov. http://www.aids.gov/hiv-aids-basic/prevention/reduce-your-risk/fluids-of-transmission.

Utz - Billing, I. e Kentenich, H. (2008): Mutilação genital feminina: uma lesão, danos físicos e mentais. *J. Psychosom Ostet Gynaecol.* 29 (4): 225 - 9.

Van der Kuyl, A.C e Cornellissen, M. (2007): Identifying HIV - 1 dual infections. *Retrovirologia* 4 (67).

Van Sighem, A.L., Gras, L.A., Reiss, P., Brinkman, K. e dewolf, F. (2010): Life expectancy of recently diagnosed asymptomatic HIV - infected patients approaches that of uninfected individuals. *SIDA* (Londres, Inglaterra) 24 (10): 1527 - 35.

Vários, J. (2010): Resources and Links, HIV-AIDS connection, instituto nacional de alergia e doenças infecciosas. http://www.niads.nih.gov/tropics/HIV/AIDS/understanding/howHIVcausesAIDS.

Vogel, M., Schwarze - Zander, C., Wasmuth, J.C., Spengler, Y., Sauerbruch, T. e Rockstroh, J.K. (2010): O tratamento de pacientes com VIH. *Deustches Arzteblatt international* 107 (28-29): 507 - 15.

Watson, J. (2006): Cientistas, actividades. Sue South Africa's AIDS, denialists. *Nat. Med.* 12(1): 6

Organização Mundial de Saúde (2001): Blood safety for too few. http://www.who.int/inf-pr- 2000/en/pr2000-25htm. Comunicado de imprensa OMS/252000.

Organização Mundial de Saúde (2003): Nutrient requirements for people living with HIV/AIDS: Relatório de uma consulta técnica. Genebra. http://www.who.int/nutrition/publications/content-nutrient-requirements.

OMS (2006): Segurança do sangue para muito poucos. http://www.who.int/inf-pr-2000/en/pr2000-25htm. Comunicado de imprensa OMS/252000.

Organização Mundial de Saúde (2007): A OMS e a ONUSIDA anunciam as recomendações da consulta de peritos sobre a circuncisão masculina para a prevenção do VIH. http://www.who.int/mediacentre/news/releases/2007/pr/0/en/index.html.

Organização Mundial de Saúde (2007): WHO case definitions of HIV for surveillance and revised clinical staging and immunological classification of HIV-related disease in Adults and children [Definições de casos de VIH da OMS para vigilância e estadiamento clínico revisto e classificação imunológica da doença relacionada com o VIH em adultos e crianças]. *Genebra: Organização Mundial de Saúde*. Pg. 6 - 16.

Organização Mundial de Saúde (2010): Antiretroviral therapy for HIV infection in infants and children (Terapia antirretroviral para a infeção pelo VIH em bebés e crianças). Organização Mundial de Saúde P.2. http://www.who.int/hiv/topics/paediatrics/en/index.html.

Organização Mundial de Saúde (2011): Controlo global da tuberculose. Organização Mundial de Saúde. ISBN 978924 1564380.

http://www.who.int/+b/topics/en/index.html.

Organização Mundial da Saúde (2012): Tuberculosis. Ficha informativa,104. http://www.who.int/mediacentre/factsheets/fs104/en/

Willis (2001): The AIDS pandemic. Lincolnshire: stanborough press.

Willis, R. (2002): The AIDS pandemic. Lincolnshire: Stanborough Press.

Wilysonge, C.S., Kongnyuy, E.J., Shey, M., Muula, A.S., Navti, O.B., Aki, E.A. *et al.*, (2011): Circuncisão masculina para a prevenção da aquisição homossexual do VIH em homens. *Conchrane Database Syst.Rev*(6).CD007496. http://onlinelibrary.wiley.com.

Woods, S., Moore, D., weber, E. e Grant, I. (2009): Cognitive neutropsychology of HIV- associated neurocognitive disorders. *Revisão de Neuropsicologia* 19 (2): 152-168.

Worobey, M., Gemmel, M., Teuwen, D.E., Haselkom, T., Kunstman, K., M., *et al* (2008): Diret Evidence of Extensive Diversity of HIV - 1 in Kinshasa by 1960. *Nature* 455 (7213): 661 - 4.

Yarchoan, R., Tosata, G. e little, R.F. (2005): therapy insight AIDS-related malignancies- the influence of antiviral therapy on pathogenesis and management. *Nat. Clin. Pract. Oncol.* 2(8):406-415.

Young, T.N., Arens, F.J., Kennedy, G.E., Laurie, J.W. e Ruther ford, G. (2007): Antiretroviral post-exposure prophylaxis (PEP) for occupational HIV exposure. *Base de dados Cochrane de revisões sistemáticas*.Online(1):CD002835. http://onlinelibrary.wiley.com.

Yu, M. e Vajdy, M. (2010): Transmissão mucosa do VIH e estratégias de vacinação por via oral em comparação com as vias vaginal e rectal. *Opinião de especialistas em terapia biológica* 10 (8): 1181 - 95.

Zhui, T., Korber, B.T., Nahmias, A. J., Hooper, E., Sharp, P. M. e Ho, D.D. (1998): An African HIV - 1 Sequence from 1959 and Implications for the Origin of the Epidemic. *Nature* 391 (6667): 594 - 7.

Zwahlen, M. e Egger, M. (2006): Progression and mortality of untreated HIV-positive individuals living in resource limited settings: update of literature review and evidence synthesis. UNAIDS obligationHQ/05/422204.

http://data.unaids.org/pub/periodical/2006/Zwahlen.unaids.hq-05-422204-2007-en.

MIX
Papier aus verantwortungsvollen Quellen
Paper from responsible sources
FSC® C105338

Printed by Books on Demand GmbH, Norderstedt / Germany